Die Darm-Reinigung

nach Dr. med. F. X. Mayr

Von Medizinalrat Dr. Erich Rauch

Mit 21 Abbildungen und 2 Tabellen

40., verbesserte Auflage

HAUG

Karl F. Haug Verlag · Heidelberg

Die Deutsche Bibliothek – CIP-Einheitsaufnahme

Rauch, Erich:
Die Darm-Reinigung nach Dr. med. F. X. Mayr / von Erich Rauch. – 40., verb. Aufl. – Heidelberg : Haug, 1994
(Ernährung und Diätetik)

ISBN 3-7760-1460-1

12. Auflage 1967 – 39. Auflage 1992
40. Auflage 1994

Titel-Nr. 2460 · ISBN 3-7760-1460-1

Abbildungen: Otto Stefferl, Wien

Gesamtherstellung: Progressdruck GmbH, 67346 Speyer

Dieser Titel ist auch in italienischer, dänischer, englischer und holländischer Sprache erschienen.

Inhalt

III. TEIL

Gesündere Ernährungs- und Lebensweise

Vorwort zur 3. Auflage

Vor gut einem Jahr erschien die erste Fassung der vorliegenden Schrift. Daß es bereits nach so kurzer Zeit zum Erscheinen der 3. Auflage gekommen ist, war für alle Kenner der Materie eine freudige Überraschung. Handelt es sich doch bei den Erkenntnissen Dr. *Mayrs* um alles andere eher als um eine dem modernen Durchschnittsgeschmack zusagende Richtung.

Sie kommt der inneren Behäbigkeit, der Veräußerlichung und der oft staunenswert naiven Wundersucht des Atomzeitmenschen nicht entgegen; sie verspricht kein müheloses Erreichen des „Himmels auf Erden", wie man es von der Reklame für verschiedene „ganz neuartige" Mittel, Präparate oder „besonders gesunde" Kostarten längst gewöhnt ist. Im Gegenteil, sie erfordert ehrlichen Willen zur Gesundung, Verzicht auf schädliche Gewohnheiten und geistig-körperliche Mitarbeit.

Als Charakterkur verlangt die *Mayr*-Kur auch eine Voraussetzung – nämlich Charakter. Und da diese Eigenschaft nicht gerade allzu häufig anzutreffen ist, darf es nicht wundernehmen, wenn ein Teil der Mitwelt sich der Kur gegenüber von vorneherein ablehnend verhält. Dies gilt auch von manchem Arzt, der, in anderer Denk- und Arbeitsrichtung geschult, hinsichtlich eines Heilerfolges nur an die Wirksamkeit chemisch-pharmazeutischer Präparate und sonst an fast nichts zu glauben gewöhnt ist.

So mußte es um so mehr überraschen, wie günstig das kritische Echo auf diese Schrift, selbst in den allermeisten ärztlichen und fachärztlichen Besprechungen, ausgefallen ist und wie sehr die Begeisterung und das Verstehen der nichtärztlichen Leserschaft zum Ausdruck gekommen ist. So darf ich an dieser Stelle für die vielen Anregungen danken, die mir inzwischen von verschiedenen Seiten zugekommen sind. Besonders danke ich Herrn Dr. *Kojer* und zahlreichen anderen Kollegen aus der Gesellschaft der *Mayr*-Ärzte, weiter Herrn Dipl.-Ing. *Laus*, sowie der hervorragenden Arbeit des Karl F. Haug Verlages.

Vor allem aber sei hier meinem verehrten Lehrer, dem heute 83jährigen Altmeister Dr. *Franz Xaver Mayr* gedankt. Gedankt für seine diagnostisch-therapeutischen Entdeckungen und seine wegweisende Lebensarbeit, die schon so vielen Tausenden Rettung und Segen erbracht hat.

Der Wunsch, möglichst vielen Mitmenschen auf diese Weise zur Gesundheit zu verhelfen, vermag aber an der Tatsache nichts zu ändern, daß eine so eingreifende Heilweise wie die *Mayr*-Kur ausnahmslos der Leitung eines eigens hierfür geschulten Arztes bedarf. Dieser muß sein Wissen um die Kur auch durch das Erleben am eigenen Körper erhärtet haben und muß die – in dieser Schrift nur angedeutete – diagnostische Methode Dr. *Mayrs* beherrschen. Nur damit kann er sich ein zutreffendes Bild vom jeweiligen Zustand des Patienten und seinen Reaktionen verschaffen und die gesamte Kur souverän leiten. Ohne diese Voraussetzung erfolgt die Kur unrichtig und besteht die Gefahr, daß mangels wirklicher Kenntnis Name und Methode in Mißkredit kommen.

Wien, September 1958 Dr. med. *Erich Rauch*

Vorwort zur 40. Auflage

Die Aufgeschlossenheit der Zeit für die Entdeckungen *F. X. Mayrs* nimmt fortlaufend zu. Der Altmeister, bis zu seinem Tode im 90. Lebensjahr (1965) ungemein geistig frisch und rege, hat die vorliegende Schrift, die seinen Namen trägt, selbst schriftlich und mündlich geschätzt und anerkannt. Wie hätte er sich über die weitere Verbreitung seiner Lehre gefreut, wie sie durch die zunehmende Zahl fremdsprachiger Übersetzungen und die 40. Auflage dieses Büchleins in deutscher Sprache zum Ausdruck kommt!

Heute sind es längst etliche hunderttausend Leser, darunter auch viele Ärzte, die den Inhalt studiert und vielfach auch mit größtem Gewinn beherzigt haben. Da die kleine Schrift nur der Einführung dient und nicht eigens auf alle speziellen Probleme des heutigen Zivilisationsmenschen eingehen kann, folgten ergänzende Schriften nach:
Die **Blut- und Säftereinigung** zur Darstellung der Grundlagen der natürlichen Heilbehandlungen und der heute zunehmend benötigten mildesten aller Kurformen im Sinne *F. X. Mayrs,* der Milden Ableitungskur.
Später folgte die **Milde Ableitungsdiät** mit Kochrezepten für leicht verdauliche Gerichte der drei verschiedenen Stufen der Milden Ableitungskur.
Wer die Darmreinigung und die Gesundheitslehre *F. X. Mayrs* mit ihren Konsequenzen aus neuester Sicht und mit Berücksichtigung der besonderen Probleme des heutigen Menschen kennenlernen will, findet die wichtigsten Anregungen und Antworten im „Buch für Fortgeschrittene“:
Die F. X. Mayr-Kur ... und danach gesünder leben.

Aus einem anderen Bedürfnis heraus entstand die **Natur-Heilbehandlung der Erkältungs- und Infektionskrankheiten.** Zahlreiche Erfolgs- und Dankschreiben aus aller Welt, vor allem von Müttern mit infektgeplagten Kindern, bestätigen die aktuelle Notwendigkeit und erfolgreiche Anwendbarkeit einer solchen Schrift. Natürliche Heilweisen sind heute wichtiger denn je, weil Grundgesundheit und Abwehrkraft von Kindern und Erwachsenen durch Fehlernährung und Massenanwendung hochdosierter chemotherapeutischer Präparate, besonders auch bei Infekten zunehmend mehr beeinträchtigt werden. Daher nimmt allerorts auch die Suche nach unschädlichen, nebenwirkungsfreien und echten Hilfsmöglichkeiten immer mehr zu.

Aus all diesen Gründen verwundert es nicht, daß sich die Nachfrage nach Ärzteausbildungskursen in Diagnostik und Therapie nach *F. X. Mayr* in den letzten Jahren vervielfacht hat.

Dabei ist es besonders erfreulich, daß sich vor allem junge Ärzte zunehmend mehr für die *Mayr*-Lehre interessieren, um sie zum eigenen gesundheitlichen Gewinn und zur Anwendung in ihrer Praxis zu erlernen. Für sie dient das **Lehrbuch in Diagnostik und Therapie nach F. X. Mayr.** Es erfreut sich, wie auch alle anderen Bücher einer ständig zunehmenden Nachfrage.

All dies läßt auf weitere Verbreitung des gerade für den heutigen Menschen so eminent wichtigen und segensreichen Forschungsgutes *F. X. Mayrs* hoffen.

Mögen auch alle Leser dieser 40. Auflage wertvolle Erkenntnisse gewinnen und den bewährten Weg der Gesundung nach *F. X. Mayr* mit denkbar bestmöglichem Erfolg beschreiten.

Maria Wörth-Dellach, im Juni 1994 *Medizinalrat Dr. Erich Rauch*

Kurze Einführung

Bekanntlich liegt die Kraft des Baumes nicht in seinen Ästen oder Zweigen, sondern in seinen Wurzeln. Dementsprechend stammt auch die biologische Kraft des Menschen nicht aus seinen Armen oder Beinen, sondern aus seinem Wurzelorganismus, den Verdauungsorganen. Der große Arzt und Forscher Dr. *F. X. Mayr* (1875–1965) hat diese Organe als **„Wurzelsystem des Menschen"** bezeichnet. Es verarbeitet die aufgenommene Nahrung, es entnimmt daraus mit Hilfe seiner wurzelartigen Zotten die lebenswichtigen Nährstoffe und es beliefert damit den ganzen Organismus. Da es außerdem Abfall, Gift und „Müll" des Stoffwechsels ausscheidet, besitzt es für die gesamte Gesundheit des Menschen eine – im wahrsten Sinne des Wortes – grundlegende Bedeutung.

Es ist erstaunlich, wie wenig in der Heilkunde von heute diese Zusammenhänge beachtet und genutzt werden. Dies gilt auch für die Ernährungsweise in den Wohlstandsländern. Sie ist zu üppig, zu reichhaltig und zu schwer. Deshalb führt sie auch zwangsläufig früher oder später zu einer Überbelastung der Verdauungsorgane. So ist es kein Wunder, daß heute zumindest *jeder zweite Bürger über Verdauungsprobleme zu klagen hat oder über andere Symptome, die, auch wenn er es nicht ahnt, mit einem überforderten und daher mangelhaft funktionierenden Verdauungssystem in Zusammenhang stehen.* Unzählige klagen heute über charakteristische Magen- oder Leber-, Gallen- oder Darmbeschwerden oder über Störungen der Bauchspeicheldrüse, Fermentmangel usw., andere wieder über Müdigkeit nach dem Essen, Völlegefühl, aufgetriebenen Leib, Blähungen, Darmträgheit, Stuhlverstopfung, gärig-breiige Stühle, Hämorrhoiden oder andere teilweise undelikate Symptome, die man am liebsten so lange es nur geht verdrängt oder zumindest bagatellisiert. Jedoch zu Unrecht!

Es ist der historische Verdienst Dr. *F. X. Mayrs* nachgewiesen zu haben, daß alle diese Symptome nicht vernachlässigt werden dürfen, da sie keine isolierten, für sich allein bestehenden „Unarten" des Verdauungsapparates darstellen, sondern **Warnzeichen** sind, die auf „eingefahrene" Fehlleistungen im Wurzelsystem des Menschen hinweisen. Wie sich bei der Pflanze eine Erkrankung der Wurzeln auf alles, auf Zweige, Blätter, Blüten und Früchte auswirkt, so zieht auch jede anhaltende Fehlleistung des Verdauungsapparates, früher oder später, aber eines Tages unweigerlich, den ganzen Organismus in Mitleidenschaft. Alle möglichen Beeinträchtigungen können daraus entstehen, von chronischer Müdigkeit, Nervosität und Depression bis hin zu den verschiedensten organischen Leiden, auf die in dieser Schrift noch hingewiesen wird.

Oft wird dann die Ursache dafür fast überall im Körper gesucht, nur nicht im schuldtragenden Wurzelsystem.

Wohl hat schon *Hippokrates*, der „Vater der Heilkunde", vor über 2½ Jahrtausenden auf die gesundheitsentscheidende Rolle der Ernährungsweise und der Verdauung hingewiesen, und in den arabischen Ländern, deren Medizin vor einem Jahrtausend in der Alten Welt führend war, heißt es noch heute:

Der Darm ist der Vater aller Trübsal.

Auch große Naturärzte haben wiederholt betont:

Das Verdauungsleiden ist die Mutter aller Krankheiten.

Aber erst *F. X. Mayr* ist es gelungen, die engen Zusammenhänge zwischen Verdauung und Allgemeingesundheit mittels einer eigenen, von ihm entwickelten **„Diagnostik der Gesundheit"** sichtbar, tastbar, meßbar und überprüfbar zu machen. Mit dieser Diagnostik kann man die Feststellung *F. X. Mayrs* nur bestätigen: *Der chronische Verdauungsschaden ist es nachweisbar, der den Menschen krank, vorzeitig alt und häßlich macht!*

Die **„Darmreinigung nach Mayr"** dient der Abhilfe. Es ist eine natürliche Vorbeugungs- und Heilmethode, die in ihrem Kern vom ältesten Heilmittel der Menschheit ausgeht: *von Fasten und Diät*. In ihrer für die Situation des modernen Menschen abgewandelten Form bietet sie mehrere Abstufungen, die vom strengen Heilfasten über die Milchdiät bis zu einer milden Schonkost *(milde Ableitungsdiät)* führt. Dadurch kann der Arzt stets jene Kurform auswählen, die dem Zustand, den Bedürfnissen und den Möglichkeiten des jeweiligen Individuums gerecht wird.

Wer einen solchen Heilweg einschlägt, gibt aus dem Eigenerlebnis und aus der Beobachtung seiner Umwelt schon bald jenen Erkenntnissen recht, die schon vor 5700 Jahren (!) in altägyptischen Papyrusrollen festgehalten wurden: *Die meisten Menschen essen zuviel. Von einem Viertel dessen, was sie verzehren, leben sie, von den restlichen drei Vierteln leben die Ärzte.*

Und man versteht *Demokrit*, der 450 v. Chr. schrieb: *Gesundheit erflehen die Menschen von den Göttern. Daß es aber in ihrer Hand liegt, diese zu bewahren, daran denken sie nicht. Ihre Unmäßigkeit macht sie selber zu Verrätern an ihrer eigenen Gesundheit.*

In der traditionellen chinesischen Medizin heißt es: *Der Bauch ist der Mittelpunkt des Lebens. Hundert Krankheiten haben dort ihre Wurzeln.*

Im uralten Weisheitsbuch I GING findet sich die Aufforderung: *Wenn Krankheiten nicht heilen, ist es leicht, die Schuld bei anderen zu suchen. Man muß kraftvoll daran gehen, Ordnung zu schaffen und beginne beim eigenen Ich.*

Es ist erfreulich, wie rasch die allermeisten Leser dieses Buches, auch wenn sie medizinisch keineswegs vorgebildet sind, die hier dargestellten biologischen Zusammenhänge verstehen und bejahen können. Schwieriger hat es hingegen der Arzt, der ja in ganz anderen und komplizierten Denk- und Vorstellungsmodellen trainiert ist. Meist findet er erst dann einen Zugang zu den einfachen, natürlichen Lehren *F. X. Mayrs*, wenn er selbst eine Darmreinigungskur durchführt. Gerade den Arzt erfaßt dann ein großes Staunen, wenn er nun „Sensationen" am eigenen Leib erlebt, Reinigungsvorgänge und Reaktionen, von denen er in seinem Studium noch nie etwas gehört hat. Er registriert mit Verwunderung die beschriebenen, oft massiven Ausscheidungs- und Entschlackungsprozesse als unwiderlegbare Realitäten und gelangt schließlich in eine gesundheitliche Aufbauphase, in der er offen und gerne bekennt:

Die Darmreinigung wirkt wirklich grundlegend heilsam, sowohl körperlich wie seelisch.

Der großartige schwäbische Arzt Dr. *Freimut Biedermann* schrieb schon 1957: „Seit gut 5 Jahren kenne ich *F. X. Mayr* aus seinen Schriften, aber ich bin ehrlich genug einzugestehen, daß ich seine Gedanken erst richtig verstand, als ich vor einiger Zeit ‚am eigenen Leib' eine *Mayr*-Kur machte.

Jetzt weiß ich, daß, wenn *Mayr* ‚Entschlackung' oder ‚Blutreinigung' sagt, dies keine Phrasen sind, sondern Tatsachen, die man mit der von ihm entdeckten ‚Diagnostik der Gesundheit' ‚messen, lehren, lernen' und damit überprüfen kann.

Früher konnte ich mich kaum eines Lächelns erwehren, wenn ich hörte, daß jemand eine ‚Frühjahrs-, Entschlackungs- oder Blutreinigungskur' machen wollte. Der allzu mechanische Vergleich mit dem Ausräumen eines verschlackten Ofens lag zwar nahe, schien mir aber doch arg zu hinken, zumindest sehr laienhaft ausgedrückt zu sein.

Seit meiner *Mayr*-Kur weiß ich aus dem Erleben als Arzt und Patient heraus, daß *Mayrs* Ansichten Realitäten sind, mit denen ich bisher kaum und nur ungern gerechnet hatte, weil mir die Rechnung zuviel Unbekannte zu enthalten schien.

Die Entdeckungen *F. X. Mayrs* teilen das Schicksal vieler großer Erkenntnisse: sie klingen zu einfach. Aber um sie zu verstehen, verlangen sie nicht nur eine neue Betrachtungsweise, sondern sie verlangen ein *vollkommenes Umdenken*, ein *Umkrempeln der Einstellung zu sich selbst und zum Stoffwechselgeschehen im Körper ...!*“

Auch der Zeichner dieser Schrift hat die Darmreinigungskur am eigenen Leib erlebt und ihre Wirkungen an sich und anderen Personen beobachtet. Als Humorist empfiehlt er für besonders willensschwache Personen, die in Wirklichkeit tatsächlich nur selten anzutreffen sind (!) – die folgende Hilfestellung:

„Ich mache Sie zu Beginn darauf aufmerksam, daß dies der einzige Ausgang aus unserem Gesundheitszentrum ist ...“

Abb. 1

Die erfreulichen visuellen Auswirkungen der Darmreinigung, die Unterschiede im Aussehen zwischen **vor** und **nach** einer Kur, sind meist deutlich erkennbar, in zahlreichen Fällen sogar frappant. Die nachfolgende Darstellung ist ersichtlicherweise ebenfalls humoristisch gemeint, besitzt aber einen durchaus realistischen Kern. Möge allen Lesern dieser Schrift, ein solcher, im Grundsätzlichen entsprechender Erfolg beschieden sein!

Abb. 2

I. Teil

Gesundheit und Krankheit – einmal anders gesehen

Ihrer Zeit voraus: Boerhaave – Semmelweis – Mayr

Vor 200 Jahren starb *Boerhaave*, der überragende Arzt seiner Zeit. Bei Lebzeiten hatte er den Zeitgenossen die Summe seiner ärztlichen Erfahrungen als Vermächtnis zum Wohle der gesunden und leidenden Menschheit in Aussicht gestellt.

Nach seinem Tode kamen Wissenschaftler aus aller Welt herbei, um an der Versteigerung des versiegelt vorliegenden Werkes teilzunehmen. Wie mögen aber die Erschienenen, besonders jener reiche Engländer, dem es für eine hohe Summe zugeschlagen wurde, gestaunt haben, als sie die Blätter des dicken Buches unbeschrieben vorfanden und nur auf der letzten Seite die folgende Doppelzeile und sonst nichts entdeckten:

„Den Kopf halt kühl, die Füße warm,
Und pfropfe nicht zu voll den Darm!"

Ein Scherz? Keineswegs – vielmehr eine goldene Regel gesunder Lebensführung, allgemein verständlich und eben deshalb von den meisten mißachtet. Es ist etwas Eigenes um die Wahrheit: je einfacher sie sich offenbart, um so leichter setzt man sich über sie hinweg.

Welchen Leidensweg ging nicht hundert Jahre später *Philipp Ignaz Semmelweis* von der Entdeckung der Ursache des Kindbettfiebers bis zu seinem tragischen Ende in einem Irrenhaus! Damals starb noch fast die Hälfte der in einer Wiener Frauenklinik entbindenden Mütter an der grauenvollen Kindbettseuche. Alles fieberhafte Suchen nach dem Grunde des Massensterbens blieb vergeblich.

Bis *Semmelweis* der Verdacht kam, daß die Hände der Ärzte, die hier Leichen sezierten und dort werdende Mütter untersuchten, nicht genügend gereinigt waren, um zu verhindern, daß unbekannte Giftstoffe von den Toten auf die lebenden Leiber übertragen wurden, was tausendfachen Tod von jungem, blühendem Leben zur Folge hatte.

Semmelweis wurde verlacht. Man hielt ihm entgegen, daß sich die Ärzte vor den Untersuchungen stets gewaschen hätten, ihre Hände daher rein gewesen seien und als Giftstoffüberträger überhaupt nicht in Betracht kämen. Wer solches behauptete, wäre ein Phantast, ein Narr.

Aber *Semmelweis* bewies, daß eben diese Hände, die man für rein gehalten hatte, verschmutzt und verseucht waren. Er ließ sie nämlich auf besonders gründliche Art reinigen und bezwang damit die Seuche. So begründete *Semmelweis* eine neue Epoche der Hygiene, Chirurgie und Frauenheilkunde. Er wurde als „Retter der Mütter" und Revolutionär der Medizin gepriesen. Aber erst nach seinem Tode. Bei Lebzeiten wurde er erst verlacht und später bekämpft; seine Entdeckung war seiner Zeit zu neuartig, zu einfach und zu groß.

Der Österreicher Dr. *Franz Xaver Mayr* wiederum, der in unserer Zeit lebt, stellte die neuartige Behauptung auf, daß der Verdauungsapparat der meisten heutigen Menschen nicht mehr sauber, nicht mehr voll leistungsfähig und daher auch nicht gesund sei. Durch abgelagerte Rückstände oder Schlacken sei er mehr oder minder verschmutzt, oft entzündet und durch Verunreinigungen zu einer gefährlichen Giftquelle geworden. Diese untergrabe die Gesundheit und mache den Menschen früher krank, alt und häßlich.

Dr. *Mayr* fordert daher im Interesse der Gesundung jedes nicht vollgesunden Menschen gründliche Säuberung seines Verdauungsapparates. Darunter versteht er aber – ähnlich wie *Semmelweis* – etwas anderes als seine Zeitgenossen! Auch behauptet er, daß jene Verdauungsapparate, die man heute allgemein noch als rein und gesund zu bezeichnen pflegt, in der Mehrzahl bereits mehr oder weniger geschädigt und verschlackt seien.

Wie *Mayr* zu solchen Behauptungen kommen konnte, erklärt sich aus seinem Entwicklungsgang:

Um die Jahrhundertwende behandelte der Student der Medizin *Mayr* in einer Kuranstalt Darmkranke. Dabei stellte er sich die Frage, woran er das Ziel seiner Behandlung, nämlich die Gesundheit, erkennen könne. Da ihm weder verläßliche Kriterien der Gesundheit des Verdauungsapparates noch solche der Gesundheit des Menschen überhaupt bekannt waren, wandte er sich an den Chefarzt der Anstalt, später an medizinische Lehrbücher und an seine Lehrer auf der Universität mit den Fragen:

1. An welchen Merkmalen erkennt man die Gesundheit des Menschen im allgemeinen und seines Verdauungsapparates im besonderen?
2. Wie groß, wie geformt, wie beschaffen ist der gesunde Bauch? An welcher Grenze geht das Gesunde in das Krankhafte über?

Aber niemand wußte eine Antwort darauf.

Die Klärung dieser Fragen wurde *Mayr* zur Lebensaufgabe. Ist ein Mensch, der keine Krankheitssymptome besitzt, auch immer völlig gesund? Oder befindet er sich nur in einem scheingesunden Zustand mit versteckter Krankheitsbereitschaft? Und ist ein Verdauungsapparat, der für normal angesehen wird, auch immer **wirklich** gesund, das heißt voll leistungsfähig und frei von Rückständen?

Zur Klärung dieser Fragen behandelte er alle Patienten, gleichgültig ob sie nun wegen Kopf-, Hals-, Lungen-, Herz-, Magen- oder Unterleibsbeschwerden zu ihm gekommen waren, so, als ob sie verdauungskrank wären. Wie *Semmelweis* die Hände **aller** untersuchenden Ärzte, gleich, ob sie nun sauber erschienen oder nicht, stets peinlichst genau reinigen ließ, sorgte *Mayr* für gründlichste Säuberung der Verdauungsorgane **aller** Patienten, auch deren, die scheinbar völlig verdauungsgesund waren. Dabei kam er zu dem verblüffenden Ergebnis, daß

1. auch die angeblich Verdauungsgesunden nicht völlig gesund, sondern oft schon erheblich verdauungsgeschädigt (und verschlackt!) waren, und
2. mit der Gesundung und Reinigung des Verdauungsapparates auch die meisten anderen Leiden, zum Beispiel der Lungen, des Herzens, des Unterleibes usw., sich zurückbildeten oder gänzlich schwanden.

Schließlich fand *Mayr* nach jahrzehntelangem Forschen anhand einer einzig dastehenden Untersuchungs- und Behandlungsreihe mit Tausenden von Patienten jene Kriterien des gesunden Leibes, die er als **„Diagnostik der Gesundheit"** zusammenfaßte.

Mit deren Hilfe läßt sich feststellen:

1. Wie weit der Gesundheitszustand eines Menschen von seiner Optimalform (Bestform) abweicht. (Dadurch werden bisher unbeachtete Organschäden, Krankheitsvorstadien und Krankheitsstadien objektiv feststellbar*.)

---

* Siehe bisher unbeachtete Schädigungszeichen in Abb. 4 bis 18. Näheres in *Rauch, E.:* Lehrbuch der Diagnostik und Therapie nach F. X. Mayr. Karl F. Haug Verlag, Heidelberg.

2. Ob sich nun der Gesundheitszustand verbessert oder verschlechtert hat.

3. Welche Faktoren die Gesundheit günstig oder ungünstig beeinflussen.

Mayr begründet mit dieser Diagnostik die Lehre oder Wissenschaft vom gesunden Menschen, die sich neben der Erkennung vor allem die Erhaltung des bestmöglichen Gesundheitszustandes zum Ziele setzt.

Da sich die Heilkunde bislang wohl intensiv mit Krankheiten befaßt hat, aber kaum mit der Gesundheit und dem Gesunden, werden alljährlich Milliarden ausgegeben, um Kranke zu heilen oder sie von bestimmten Symptomen zu befreien, andererseits aber wird wenig Ernsthaftes unternommen, um das Krankwerden von vornherein zu verhüten oder es auf den mit zunehmendem Alter unvermeidlichen Verbrauch der Lebenskräfte zu beschränken. Mangels einer Diagnostik der Gesundheit konnte manche Gefahr nicht erkannt und der Mensch nicht rechtzeitig davor bewahrt werden. Da Vorbeugen besser und wichtiger ist als Heilen, kommt den Forschungen Dr. *Mayrs* in Form einer **Gesundheitsmedizin** die Bedeutung einer Grundlage und Ergänzung der bisher als **Krankheitsmedizin** orientierten Heilkunde zu.

Da Gesundsein und Kranksein eines Menschen, abgesehen von Erbeinflüssen, Angriffen gefährlicher Krankheitserreger und gewaltsamen Einwirkungen, vor allem in dessen Lebens- und Ernährungsweise wurzeln, *läßt sich die grundlegende Gesundung, die Dr. Mayr zum Ziele setzt, keineswegs passiv, etwa durch bloße Einverleibung von Heilmitteln, erkaufen. Sie entfaltet sich immer nur unter aktiver Mitarbeit des Heilungsbedürftigen, weil dieses Ziel ohne Bekämpfung schadenbringender Gewohnheiten niemals erreicht werden kann. Die Entscheidung fällt somit auf der sittlichen Ebene!*

Daher kann dieser Weg von jenen, die, in Genußsucht verstrickt, die Kraft zur Maßhaltung nicht aufbringen, nicht beschritten werden; ebensowenig auch von jenen, bei denen Mangel an Verständnis oder angebliche Besserwisserei der notwendigen Einsicht im Wege stehen.

Wie einst *Boerhaave* und *Semmelweis* sieht auch *Mayr* Gesundheit und Krankheit in neuer Sicht und ist damit, neue Wege weisend, seiner Zeit weit voraus.

Wann und wie die Krankheit beginnt

Krankheit ist ein Drama in 10 Akten*: Die Akte 1–3 verlaufen völlig unbeachtet, die Akte 4–6 spielen sich in überfüllten Ärztewartezimmern, die Akte 7–9 im Krankenhaus und der 10. Akt auf dem Sterbebett ab.

Diese Feststellung kann jedermann aus eigener Beobachtung bestätigen. Erkrankt nämlich jemand eines Tages an einer sogenannten Zivilisationskrankheit, zum Beispiel Rheumatismus, Angina pectoris, Magen-Darm-Geschwüren, Arterienverkalkung, hohem Blutdruck, Krebs usw., oder nimmt er nur einige ihrer Symptome wahr, wie Sodbrennen, Heißhunger, Stuhlverstopfung, blutigen Stuhl, Nervosität, Müdigkeit, Schlaflosigkeit, Kopf-, Kreuz- oder Bauchschmerzen, Gewichtsabnahme und dergleichen mehr, so glaubt er selbstverständlich, daß nur eine bestimmte, unmittelbar vorausgehende Ursache, etwa eine Verkühlung, eine Überanstrengung, ein Diätfehler, allein daran Schuld trage. Da er sich bis dahin mehr oder minder beschwerdefrei fühlte und sich mit sorgloser Gelassenheit seiner Gesundheit rühmen konnte, übersieht er völlig, daß jene Ursache, der er alles Übel zuschreibt, bereits den aufgehenden Vorhang zum 4. oder 5. Akt darstellt, während die vorausgehenden Akte schon in der Zeit vorher – unbeachtet – über die Szene gegangen waren.

Es ist schon später, als Du denkst!

steht im Wartezimmer eines bayerischen Arztes. Das mit Recht.

Es ist eine unleugbare Tatsache, daß die meisten unserer Mitmenschen nicht mehr – im vollen Sinne des Wortes – gesund sind, sondern sich bestenfalls im Zustand einer durch Kompensationen und Korrekturen aufrechterhaltenen Scheingesundheit befinden.

Die „Diagnostik der Gesundheit" zeigt uns die einleitenden Stadien des Gesundheitsverfalles auf, so daß bereits hier, im Bereiche des anscheinend Gesunden, eine drohende Gefahr rechtzeitig erkannt, ihr Auftreten verhindert und eine Verbesserung eingeleitet werden kann.

Damit erhebt sich die Frage: *wann und wie kommen die ersten Schäden am menschlichen Organismus zustande?*

Teils handelt es sich um ererbte Organschwächen, Dispositionen und Schäden, teils um eine schon in den ersten Lebensmonaten an-

---

* *Deichmann, H.:* Dysbakterieprobleme. Karl F. Haug Verlag, 1954.

erzogene Überlastung des Verdauungsapparates, weil die meisten Mütter glauben, daß nur Vielessen groß und stark mache. Unermüdlich drücken sie den Inhalt ihrer Brüste dem wehrlosen Kleinen in den Mund; selbst der vollsatt an ihrer Brust eingeschlafene Säugling wird geweckt und zum Weitertrinken genötigt. Die Sauggummis der Milchflaschen erhalten zu große Löcher eingebohrt, damit die Kinder, anstatt kleine verdaubare Portionen *ansaugen* zu können, hastig größere Nahrungsmengen schlucken müssen, um sich überhaupt der in dickem Strahl einströmenden Nahrung erwehren zu können.

Den Müttern schließen sich die Großmütter an, diese bekannten Experten der Kinderpflege. Mit den Worten „ein Löffel für die Omama, ein Löffel für den Opapa ..." wird der Kopf des Kindes, das einfach nicht mehr kann, unter sanfter Gewalt zurechtgedreht und die Fütterung erbarmungslos fortgesetzt. Das nächste Essen folgt, bevor noch der Magen mit dem vorausgegangenen fertig geworden ist. In der Zwischenzeit sorgen Näschereien dafür, daß die Verdauungsorgane pausenlos arbeiten müssen.

Vergeblich setzt sich der kindliche Organismus zur Wehr, indem er das Zuviel an aufgenommener Nahrung erbricht. Bald hat das Wort „Speikinder sind Gedeihkinder" keine Geltung mehr, weil Brech- und Sättigungsreflexe ihre Tätigkeit einstellen. Der Magen ist erschlafft und erweitert, die in Übermenge einverleibte Nahrung vergärt und verfault im Darm und führt trotz überreichlicher Nahrungszufuhr zu einer qualitativ minderwertigen Ernährung. Oft steigt dadurch der Appetit, um diesem Mangel zu begegnen. Das durch mütterlichen Fütterungstrieb, Sorge und althergebrachte Ansichten falsch ernährte Kind ißt nun sehr viel und sehr oft – es ißt nun „brav". So bewahrheitet sich die Erkenntnis, daß man zum *Vielfraß nicht geboren, sondern erzogen* wird!

Ständige Nötigung zum Essen zeigt aber auch oft die gegenteiligen Folgen: anhaltenden psychischen und physischen Widerwillen gegen Nahrungsaufnahme. Die Folge ist das blasse und magere, krummrükkig dasitzende Kind, bekannt als appetitloser, heikler und nervöser Esser. Es leidet bereits unter beträchtlichen Verdauungsstörungen. Oft genug ist es Gegenstand der Sorge für seine Angehörigen und langwieriger Behandlung durch den Arzt.

In beiden Fällen, so verschieden sie aussehen, ist der natürliche Instinkt, der die Befriedigung des Nahrungsbedürfnisses lenken sollte, verlorengegangen. An seine Stelle ist ein zum Selbstzweck gewordenes, genußbetontes Eßbedürfnis getreten, wobei entweder die Quantität oder aber eine sehr wählerisch bestimmte Qualität – unter Vernachlässigung der richtigen Nahrungsmenge – den Ausschlag gibt.

Wer aber, so weit gekommen, noch glaubt, gesund zu sein, kann in Wahrheit bestenfalls nur mehr einen Zustand der Scheingesundheit mit chronischem Verdauungsschaden für sich in Anspruch nehmen, der den unbeachteten Anfang der meisten Krankheiten bildet.

Der Verdauungsapparat – Wurzel der Pflanze Mensch

Der Verdauungsapparat, ein schlauchförmiger Kanal, der beim erwachsenen Menschen eine Länge bis 9 Meter erreicht, nimmt mit den Lippen des Mundes seinen Anfang und endet als After. Er umfaßt Mundhöhle, Rachen, Speiseröhre, Magen, Dünn- und Dickdarm. Zu

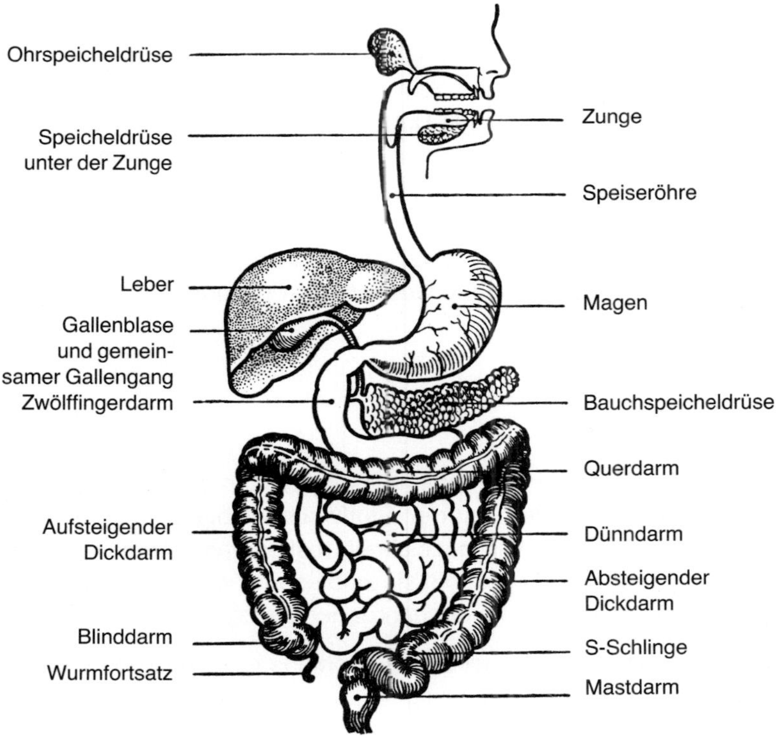

Abb. 3

Schematische Darstellung des gesamten Verdauungsapparates

ihm gehören ferner Anhangdrüsen, wie die Speicheldrüsen der Mundpartien, die Leber mit der Gallenblase, die Bauchspeicheldrüse sowie Milliarden von Schleimhautdrüsen im Magen-Darm-Bereich (s. Abb. 3).

Das harmonische Zusammenwirken aller dieser Teile ergibt die normale Verdauung.

Verdauen heißt daher nicht, wie die meisten glauben, Stuhl produzieren, sondern *Verdauen heißt:*

1. *Die aufgenommene Nahrung mechanisch, chemisch und bakteriell richtig aufzuschließen und in Körpersubstanz und Kraft umzuwandeln. Dabei erfolgt die Aufsaugung der Nährstoffe in das Blut über eine „resorptive Darmfläche" von 200 m^2!! Und*
2. *die unverwerteten Abfallstoffe rechtzeitig auszuscheiden.* Das Gegenteil von diesem normalen Verdauungsvorgang sind die üblichen, krankmachenden Gärungs- und Fäulnisprozesse (siehe später).

Wie die Feinwurzeln der Pflanzen die Nährstoffe aus dem Erdreich aufnehmen und den Zweigen, Blättern und Blüten zur Verfügung stellen, so wurzeln auch unzählige Darmzotten im Speisebrei, saugen die vom Verdauungsapparat ab- und umgebaute Nahrung auf und übergeben sie dem Blut, das sie an alle Bedarfsstellen (die 33 Milliarden Körperzellen) transportiert.

Neben der Aufgabe, *den Körper zu ernähren,* verrichtet der Verdauungsapparat noch eine weitere wesentliche Funktion, auf die Dr. *Mayr* als erster hingewiesen hat:

die Blutreinigung.

Wie die Abwässer einer Fabrik müssen nämlich die bei jeder einzelnen Zelle freiwerdenden sauren Stoffwechselabfälle, die man vergleichsweise als Schlacken bezeichnet, restlos und rechtzeitig ausgeschieden werden. Die Zelle stößt sie zu diesem Zweck ins Blut ab, das sie sogleich zu den Ausscheidungsorganen transportiert:

Die **Lungen** atmen die schädliche Kohlensäure und andere gasförmige Abbauprodukte aus.
Die **Nieren** filtrieren die harnfähigen Stoffe ab.
Die **Haut** scheidet mit Hautatmung (Ausdünstung) und Schweiß Schlacken aus.

Der **Darm** reinigt das Blut von Abfallstoffen, die in sein Inneres abgestoßen und schließlich mit dem Stuhl abgeführt werden (= Blutreinigung durch den Darm).

Aus diesem Grunde setzt sich der **Stuhl** aus zweierlei Bestandteilen zusammen:

1. aus den unverwertet gebliebenen Speiseresten (Zellulose usw.),
2. aus den von der Blutreinigung stammenden Abfällen des Zwischenzellstoffwechsels.

Der von einem gesunden Verdauungsapparat erzeugte *Stuhl* soll folgende Eigenschaften aufweisen:

Wurstförmig geformt, mit abgerundeten Enden, infolge eines Schleimüberzuges an der Oberfläche glatt. Mangels Gasbeimengung geht er im Wasser unter und weist nur geringen charakteristischen Geruch auf. Er darf weder auffallend übel, noch säuerlich riechen, was Darmfäulnis beziehungsweise Darmgärung anzeigt. Die Entleerung des Stuhles wird vom gesunden Darm auf säuberlichste Weise vollzogen, weshalb merkliche Beschmutzung des Afters bereits auf Schädigung des Darmtraktes schließen läßt. Der heute enorme Verbrauch von Klosettpapier ist daher auch kein Gradmesser erreichter Zivilisation, sondern vielmehr ein trauriges Zeichen für die fast allgemeine Verbreitung des chronischen Verdauungsschadens. Auch Tiere, wie Hund, Katze, Pferd, Ziege, Hase, Reh usw., sofern sie gesund sind, verunreinigen sich durch den Vorgang der Darmentleerung nicht. Im gegenteiligen Falle erkennt der Tierarzt daraus eine Erkrankung des Darmes. Es ist daher nicht einzusehen, daß ausgerechnet der Mensch hierbei eine traurige Ausnahme bilden müßte.

Darmträgheit macht krank

Unter Darmträgheit verstand man bisher die Trägheit des Dickdarms allein, die sich in erster Linie durch Stuhlverstopfung (Obstipation) bemerkbar macht.

Erst Dr. *Mayr* wies nach, daß auch der etwa 5 m lange Dünndarm träge, d.h. unzureichend oder sonstwie fehlerhaft, arbeiten kann. Da gerade im Dünndarm die wichtigsten Nahrungsumsetzungen erfolgen und da gerade vom Dünndarm aus der ganze Organismus mit Nährstoffen beliefert wird, wirkt sich die Dünndarmträgheit noch wesentlich folgenreicher aus als die des Dickdarms allein.

Mit Hilfe der Diagnostik nach *Mayr* läßt sich nachweisen, daß heute *bei der überwiegenden Mehrzahl aller Zivilisationsmenschen eine Dünndarmträgheit* (Enteropathie nach *Mayr*) besteht. Sie ist dadurch gekennzeichnet, daß das Darmrohr streckenweise erschlafft und erweitert, stellenweise auch verkrampft ist, was den Weitertransport des Darminhaltes entsprechend verzögert. Oft stockt und staut sich alles auf, wie der Verkehr auf Autobahnen vor überfüllten Grenzstationen. Als Folge treten im leicht verderblichen Speisebrei, der zu lange in den chronisch gestauten Darmbereichen liegen bleibt, verschiedene *Zersetzungsprozesse* auf, die zu Schleimhautreizungen, Gasbildungen, Auftreibung des Leibes und Blähungen führen. Der Bauch kann dann hart und gespannt sein wie eine Trommel. Bei vielen Personen erkennt man auch schon von weitem, besonders wenn man sie im Badeanzug sieht, anstelle der ästhetischen Bauchform des Gesunden eine ballonartig vorragende Kugel: den **Gasbauch**. Oder man sieht ein schlottrig herabhängendes, oft wabbelndes, angeschopptes, sackartiges Gebilde: den **Kotbauch**. Oder man erkennt eine andere der sechs verschiedenen, von *Mayr* beschriebenen krankhaften Bauchformen (siehe Abb. 4–10*).

Während die Mehrzahl aller Leiden, wie der Nerven, der Sinnesorgane, der Gelenke usw., sich frühzeitig an Ort und Stelle durch unangenehme bis schmerzhaft-schreiende Symptome bemerkbar macht, bleibt die Enteropathie, das heißt die chronische Funktionsstörung des Dünndarms, weitgehend stumm. Es gibt vielleicht fallweise Belästigungen, Luftaufstoßen, Sodbrennen, Völlegefühl, Blähungen, Stuhlprobleme usw., die man aber meist ignoriert oder mit Medikamenten (Abführmitteln usw.) „behebt“. Wegen ihrer vermeintlichen Bedeutungslosigkeit verdrängt man sie gerne aus dem Bewußtsein.

Bei den *Fernsymptomen* der Enteropathie aber, wie Kopfschmerz, Migräne, Schwindel, üblen Mund-, Schweiß- und Körpergerüchen, psychischen Verstimmungen usw., wird fast nie an den schuldtragenden Darm gedacht.

Hinzu kommt, daß der *Stuhl* selbst beim schweren Dünndarmschaden oft ganz regelmäßig, „pünktlich wie die Uhr“, erfolgen kann. Häufiger zeigen sich allerdings zeitweilig ungenügende Stuhlentleerungen, Stuhlverstopfung, breiige Stühle (Gärung!) oder durchfallartige Ausscheidungen.

---

* Näheres darüber in *Rauch*: Lehrbuch der Diagnostik und Therapie nach F. X. Mayr. Karl F. Haug Verlag, Heidelberg.

Somit ist es ein verhängnisvoller, leider weit verbreiteter Irrtum, allein aus dem Stuhlbefund den Darmzustand zu beurteilen. Der Stuhlbefund ist noch lange kein Darmbefund!

Durch einigermaßen regelmäßige Stuhlausscheidungen getäuscht, suchen heute ungezählte Millionen vergeblich nach der Ursache ihrer Leiden. Sie befürchten alles mögliche, denken aber nur nicht an die versteckte tiefere Ursache, an den Darm. Daß ihre Entleerungen nicht die Merkmale eines gesunden Stuhles aufweisen (S. 25), ist ihnen nicht bekannt; ebensowenig, daß die Dünndarmträgheit als funktionelle Störung im Röntgenbild nicht nachzuweisen ist. Erst Dr. *Mayrs* Diagnostik macht sie für den Geschulten erkennbar.

Die häufigsten Auswirkungen der Darmträgheit sind:

1. Bildung von Zersetzungsgiften

Wie in einer warmen Speisekammer Butter ranzig wird, Obstsalat in Gärung übergeht, Fleisch, Wurst und Fisch verderben und giftig werden, so entstehen im erschlafften, „müden" Darm bei 37–38°C Zersetzungsgifte, wenn in der Weiterbeförderung des Nahrungsbreies Stauungen auftreten und die Durchmischung mit verdauenden und verderbnisverhütenden Verdauungssäften gestört ist.

Aus Zucker, Mehlspeisen, Brot und Rohkost, besonders wenn in großen Mengen genossen, bilden sich Gärprodukte wie Säuren und Alkohole, darunter auch giftige Fusel, Methanol, Propanol, Butanol u. a.

Aus eiweißreicher Nahrung wie Fleisch, Fisch, Wurst und Eiern entstehen hochtoxische Fäulnisstoffe wie Indikan, Putreszin, Neurin und Cadaverin (Leichengift). Sie sind so giftig, daß eine kleine Dosis davon genügt, um, in Form einer Injektion verabreicht, ein Versuchstier zu töten.

Die im Darm entstehenden Gifte können in die Blutbahn gelangen, insbesondere wenn die Darmschleimhaut entzündlich verändert ist. Von da aus erreichen sie schließlich – nachdem sie die Leberbarriere durchbrochen haben – praktisch alle Körperzellen und verursachen allmählich eine chronische **Selbstvergiftung aus dem Darm** (Intestinale Autointoxikation).

Diese, von manchen Autoren noch immer angezweifelte oder sogar schon als „Märchen" bezeichnete Selbstvergiftung, wurde jüngst wieder durch eine interessante wissenschaftliche Arbeit von Professor *Pirlet* und Mitarbeitern unwiderlegbar dokumentiert. Diese Forscher haben bei normal verpflegten, alkoholabstinent gehaltenen Versuchspersonen in den Stuhlproben wiederholt die oben erwähnten Gärungsgifte gaschromatographisch nachgewiesen. Außerdem fanden sie diese Giftstoffe im Harn und in den Ausdünstungen (human effluents), was wieder beweist, daß ein Teil der genannten Darmgifte in die Blutbahn übergetreten ist.* Die Selbstvergiftung aus dem Darm ist somit leider kein Märchen, sondern eine Realität, die sich auch mit modernen wissenschaftlichen Forschungsmethoden dokumentieren läßt.

Als merkbare Folgen der intestinalen Gifteinwirkung können folgende **Fernsymptome** auftreten:

Beeinträchtigung des Allgemeinbefindens, Arbeitsunlust, Mißmut, Gereiztheit, Erregbarkeit, Nervosität, übler Körper- und Mundgeruch, Zungenbelag, Rücken- und Kreuzschmerzen, Schlaf- oder Sehstörungen, Kopfschmerzen oder Kopfdruck, Herzbeschwerden, Atemnot, Gefäßkrämpfe (mit ständig kalten Händen und Füßen), Schwindelgefühl, morgens beim Aufstehen Erschöpfungszustand, starkes Schwitzen usw. Auch die sogenannte vegetative Dystonie, Migräne, Hochdruckkrankheit wie Neuralgien, Gelenkleiden usw. sind oft allein toxische Fernsymptome, ausgehend vom Darm.

Die Quelle solcher Vergiftungserscheinungen ist vielen Menschen bekannt, da ihre Beschwerden gerade im Falle einer gelegentlichen Stuhlverstopfung auftreten oder sich zu intensivieren pflegen. Beträchtlich Stuhlverstopfte leiden fast ständig unter Fernsymptomen aus dem Darm.

Die objektiven Folgen dieser „Autointoxikation“ (Selbstvergiftung) bestehen in einer Schädigung **aller** Körperzellen und Organe, wobei Sinnesorgane, Nerven, Gefäße und Hormondrüsen besonders empfindlich reagieren.

2. Entstehung der Dysbiose (unphysiologischen Bakterienbesiedlung)

Die normale Bakterienbesiedlung des Menschen stellt einen wichtigen Verbündeten bei bestimmten Stoffwechselvorgängen und der Bekämpfung von Krankheitserregern dar. Dichte Bakterienrasen bevölkern die Oberfläche unserer Schleimhäute inner- und außerhalb des Darms. Normale Darmbakterien können unter anderem Krankheits-

---

* *Rohlffs, Rodrian, Pirlet:* Intestinale Autointoxikation und Kanzerogenese. Münch. med. WSCHR. **118, 41** (1976) 1327.

keime und Schmarotzer vernichten, die Grundgesundheit stärken und nützliche Stoffe, wie Vitamine, erzeugen.

Bei einem hohen Prozentsatz der mitteleuropäischen Bevölkerung ist diese Bakterienbesiedlung gestört. Hier wuchern Degenerations- und Schmarotzerformen, zersetzen den bei Darmträgheit gestauten und teilweise an den Darmwandungen festhaftenden Darminhalt und bilden Gifte. In einem solchen „verschmutzten" und „versumpften", meist übersäuerten Terrain siedeln sich leicht abnorme Keime an, so wie sich etwa Stechmücken im Umfeld versumpfter Böden einnisten. Schon der berühmte Bakteriologe *Claude Bernard* sagte:

„le microbe n'est rien, le terrain c'est tout"
Die Mikrobe ist nichts, das Terrain ist alles.

Man muß daher in erster Linie das Terrain verbessern, um die Lebensbedingungen für eine gesunde Flora wiederherzustellen. Versuche eine gesunde Darmflora „einzupflanzen" ohne gleichzeitige Terrainsanierung bringen keine Dauererfolge.* Auch antibiotische Medikamente, die heute leider allzuoft verwendet werden, schädigen die Darmflora und verbessern nicht das Terrain.

3. Erkrankungen im Bereich des Verdauungsapparates

Darmträgheit kann als mögliche Folgeerscheinung schließlich zu Erkrankungen sämtlicher Verdauungsorgane führen. So verursacht die chronische Belastung mit Darmgiften Leberschäden. Auch Magen-, Zwölffingerdarmentzündungen und -geschwüre, Gallen- und Bauchspeicheldrüsenleiden, Divertikel, Hämorrhoiden, Polypen und Darmkrebs können auf dem Boden des chronischen Verdauungsschadens entstehen. Sogar bösartige Erkrankungen anderer Organe dürften in der Darmträgheit, als der neben der Umweltbelastung wichtigsten Vergiftungsquelle des heutigen Menschen, eine häufige Mitursache finden. Daher auch Entschlackung aus Vorbeugungsgründen!

4. Verschlackung des Körpers

Wenn der Darm den Stoffwechsel nur ungenügend entlastet, dann müssen für ihn andere Ausscheidungsorgane einspringen. Die **Nieren**

---

* Näheres in *Rauch*: Naturheilbehandlung der Erkältungs- und Infektionskrankheiten. Karl F. Haug Verlag, Heidelberg.

müssen vermehrt Schlackenstoffe mit dem Urin ausscheiden; die **Haut** muß mehr „Müll“ mit Hautausdünstungen und Schweiß absondern, und die **Lungen** haben mehr Giftstoffe mit der Ausatmungsluft zu eliminieren. Dadurch erhalten Urin, Körperausdünstungen, Schweiß, Ausatmungsluft (Mundgeruch!) oft einen ungesunden, üblen, oft scharfen bis penetrant aashaften Geruch. Auch über die Nasenwege (Schleimabgänge), Genitalien (Ausfluß, übelriechende Mensesabgänge), Augen (gerötete, verklebte Augen) können Schadstoffe ausgeschieden werden.

Wenn dies alles nicht ausreicht, werden die rückgestauten Abfälle deponiert. Sie gelangen nach der Hierarchie der Gewebe zunächst in die weniger wichtigen Fett- und Bindegewebe, in Sehnen, Kapseln und in weniger benützte Muskeln. Schließlich, wenn sich der „Körpermüll“ weiterhin – bildlich gesprochen – „zu Bergen türmt“ und nie durch Fasten oder karge Zeiten abgebaut wird, und wenn daher auch nie entsäuert wird, entwickeln sich zwangsläufig chronische Krankheiten. Schließlich kann jedes Organ in Mitleidenschaft gezogen werden.

Giftstoff- und Schlackenablagerungen ergeben:

in der Haut:	Mitesser, braune Flecke, unreinen Teint
im Unterhautzellgewebe:	Versulzung, Orangenhaut (Cellulitis)
im Fett- und Muskelgewebe:	Aufquellung, Weichteilrheumatismus (Gelosen)
in Kapseln und Gelenken:	Versteifungen, Arthrosen, Gicht
im Blut:	Erhöhung der Hämatokrit-, Fettstoff-, Cholesterin-, Harnsäure-Werte usw.
in Galle und Nieren:	Gallen- und Nierensteine
in den Arterien:	Cholesterin und Kalkablagerungen
in den Wirbelkörpern:	Randzackenbildungen, Spondylose
in inneren Organen:	Organdegeneration (Herz, Nieren, Leber)
in der Zirbeldrüse:	„Hirnsand“
in den Augenlinsen:	Grauen Star usw.

5. Verschlechterung der Ernährung aller Körperzellen

Schlecht ernährte Zellen und Organe weisen verminderte Leistungs- und Widerstandskraft auf: Die Skelettmuskulatur übersäuert früher und leistet weniger, die Herzmuskulatur disponiert zu Herzerkrankungen, schlecht ernährte Hirnzellen haben Vergeßlichkeit zur Folge, schlecht ernährte Hodenzellen bewirken vorzeitiges Altern usw. (ebenfalls Fernsymptome).

6. Auswirkungen auf den gesamten Menschen im Hinblick auf die höheren Seelenkräfte

Weil sich die Selbstvergiftung auf den ganzen Körper erstreckt, bleiben auch jene Teile des Nervensystems, welche als organische Grundlage die Vorgänge des höheren Seelenlebens dem physischen Körper übermitteln, nicht unbeeinflußt. Werden diese nervlich-vegetativen „Vermittlungsorgane“ durch Gifte geschädigt, dann können höhere seelische Regungen und Empfindungen nur erschwert zu den Hirnzentren gelangen, die das physische Bewußtsein steuern. Als Folge können zutage treten: Ignorieren bisheriger höherer Bestrebungen und Ideale, seelische Verflachung in allen Lebensbereichen, seelische Lieblosigkeit, verstärkter Egoismus, Materialismus und Rücksichtslosigkeit. (Entgiften des Körpers allein kann aus einem „bösen“ Menschen noch keinen „guten“ machen; kann ihn aber den Einwirkungen seiner höheren Regungen wesentlich empfänglicher werden lassen, was entsprechend deutliche positive Auswirkungen auf seine Gesamtpersönlichkeit zur Folge hat. Daher wird auch das Fasten bei allen Weltreligionen seit Urzeitgedenken gepflegt [siehe später].)

Der Großteil der abgelagerten Schlackenstoffe besteht aus sauren Substanzen, wie z. B. Harnsäure. Diese dringen nicht nur in Gelenke ein und rufen vielerlei rheumatische Beschwerden hervor, sie können auch ganze Gewebebezirke im Gehirn belasten und verschiedenste Leistungsstörungen des Gehirns und außerdem Gemütsstörungen verursachen. So ist das Nachlassen intellektueller Fähigkeiten, zunehmende Vergeßlichkeit, Schwinden des Kurzzeitgedächtnisses, aber auch Gereiztheitszustände, Depressionen, Trübsinn usw. häufig auf Darmgifte, Stoffwechselbelastung und Übersäuerung des Gehirns zurückzuführen. Es ist daher keine leere Phrase, wenn es heißt:

Wer rechtzeitig entschlackt und entsäuert, wird körperlich und seelisch nicht sauer!

Fall 1: *Geschäftsfrau,* 58, fettleibig, also falsch ernährt, angeblich verdauungsgesund, unfreundlich, mißmutig, gereizt, deprimiert, schwarzseherisch, „mein Leben ist sinn- und freudlos“, vermochte ihren beruflichen Verpflichtungen nicht mehr zu entsprechen. Sie sah sich gezwungen, ihr heruntergekommenes Geschäft zu verkaufen. Knapp vor dem Empfang der letzten Teilzahlung, nach welcher das Geschäft übergeben werden sollte, unterzog sie sich einer Darmreinigungskur nach Dr. *F. X. Mayr.* Dabei gesundete sie derart, daß sie nun mit neuer Energie, Lebenskraft und Lebensfreude erfüllt, den Verkauf rückgängig machte und ihr Unternehmen in kurzer Zeit auf volle Höhe brachte. Die wieder zuversichtlich, freundlich und fröhlich gewordene Frau wirkte jetzt in ihren Handlungen jugendlicher und aktiver als vor 10 Jahren!

Darmträgheit macht häßlich

1. Die Körperhaltung

Dr. *Mayr* hat im Verlaufe seiner Untersuchungen über die untrüglichen Zeichen der Gesundheit nicht weniger als 6 Typen fehlerhafter Haltung festgestellt, die er nach ihren charakteristischen Merkmalen benannte (s. Abb. 4–10). Sie alle sind keine bloßen Schönheitsfehler, die auf Nachlässigkeit oder die Jahre zurückzuführen sind, sondern stellen immer *Notmaßnahmen* der Natur dar. Wenn nicht andere Gebrechen oder Veränderungen vorliegen, wie zum Beispiel bestimmte Tumoren, Verletzungen, Schwangerschaft usw., wird die abnorme Haltung *immer* nur zum Schutze geschädigter Verdauungsorgane eingenommen.

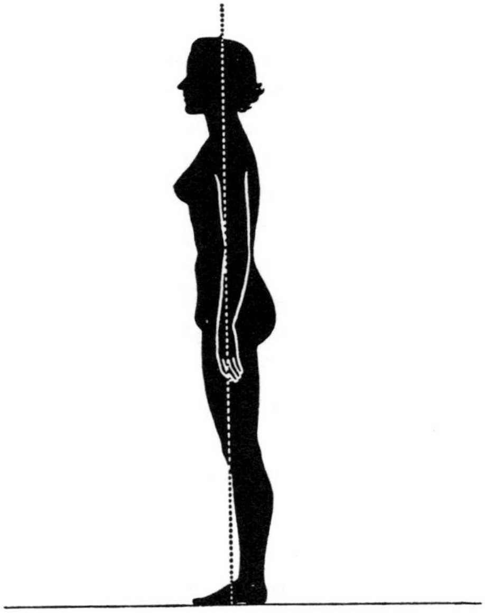

Abb. 4

Normalhaltung

Zur Kontrolle seiner eigenen Haltung muß man sich, völlig ungezwungen dastehend, seitlich vor einen Spiegel stellen. Jede Abweichung von der Normalhaltung weist auf tiefere Ursachen hin.

Als krankhaftes Beispiel sei die bei Frauen besonders häufige *Entenhaltung* herausgegriffen (s. Abb. 7). Der Oberkörper wird hier in den Hüften vorgeneigt und nach oben zurückgebogen, um dem nach rückwärts verlagerten Gesäß die Waage zu halten. Das Gesäß wackelt nicht selten wie bei einer dahinwatschelnden Ente bei jedem Schritt mit.

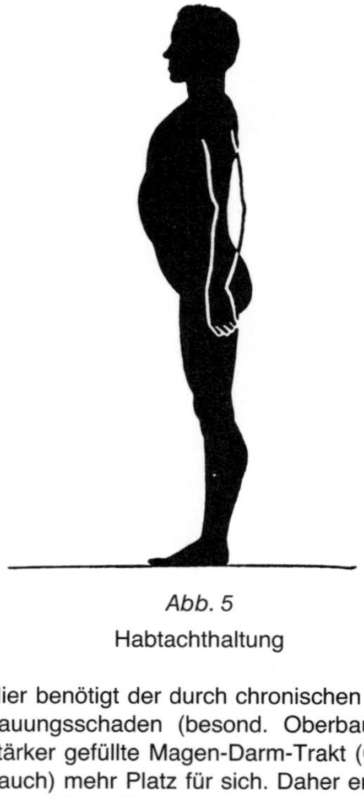

Abb. 5

Habtachthaltung

Hier benötigt der durch chronischen Verdauungsschaden (besond. Oberbauch!) stärker gefüllte Magen-Darm-Trakt (Gasbauch) mehr Platz für sich. Daher erfolgt bei muskelkräftigen Menschen besonders Streckung der Brustwirbelsäule, verstärkte Brustkorbwölbung, Hochstellung des Zwerchfelles, Rückwärtsneigung des Unterleibes mit Tieferstellung des Beckenbodens

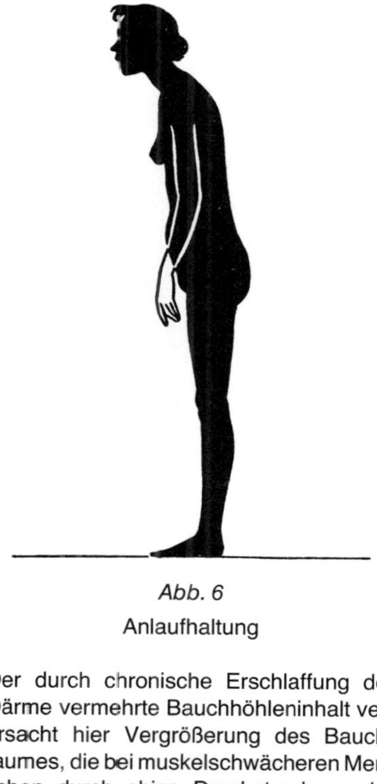

Abb. 6

Anlaufhaltung

Der durch chronische Erschlaffung der Därme vermehrte Bauchhöhleninhalt verursacht hier Vergrößerung des Bauchraumes, die bei muskelschwächeren Menschen durch obige Durchstreckung der Lendenwirbelsäule und Vorneigung des Oberkörpers vorgenommen wird. Das Extrem dieser Haltung zeigt sich im Zusammenkrümmen des Körpers bei starken Bauchschmerzen („Bauchwehhaltung“)

Die Entenhaltung, die oft genug eine Zielscheibe des Spottes bildet, ist durch chronischen Verdauungsschaden (Darmträgheit) verursacht. Während der gesunde Dünndarm auf seinem ihm von der Natur angewiesenen Platz im Bauchraum keinem anderen Organ im Wege liegt, belasten hier erschlaffte, mit Inhalt überfüllte Darmschlingen ihre Nachbarorgane, wie Eierstöcke, Gebärmutter, Scheide, Blase und deren Blutgefäße dermaßen, daß der Körper diese empfindlichen Organe schützen und die beschriebene „Ausweichhaltung“ einnehmen muß.

Aus jeder der auf Abb. 4–10 dargestellten Haltungsformen kann man bereits auf die Störungen beziehungsweise Krankheiten, an denen der betreffende Mensch leidet oder zu denen er stark disponiert ist, rückschließen. Bei der „Entenhaltung“ zum Beispiel sind es:

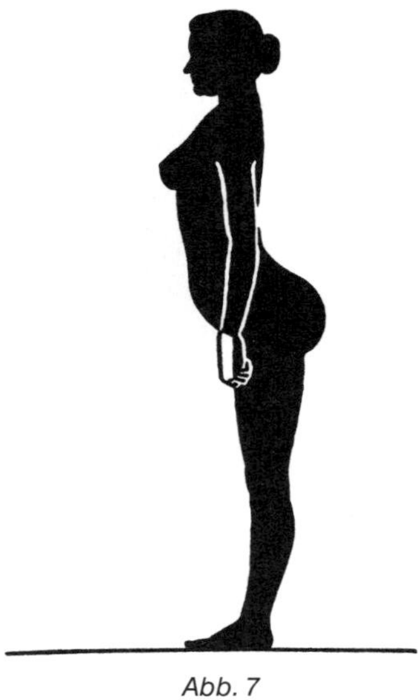

Abb. 7

Entenhaltung

Hier wurde durch Verdauungsschäden noch stärkere Vergrößerung des Bauchraumes nötig. Daher besonders vermehrte Rückverlagerung des Beckens (Herausstellung des Gesäßes), Durchstreckung der Brustwirbelsäule, Erweiterung und Höherstellung des Brustkorbes (siehe Verkürzung des Halses!)

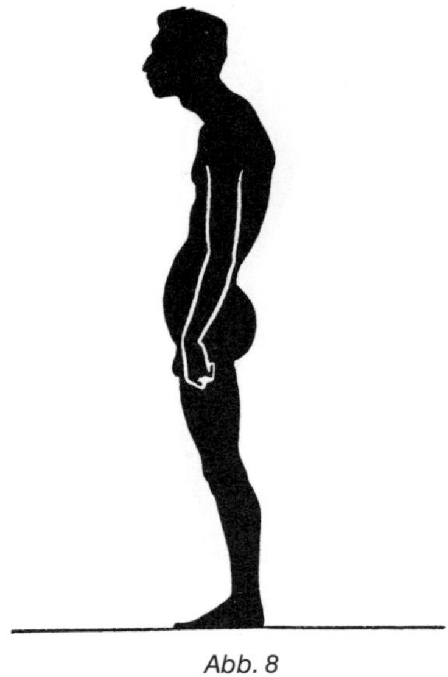

Abb. 8

Lässige Haltung

Bei muskelschwachen darmgeschädigten Menschen mit vermehrter Darmfüllung wird die Verlagerung der Schwerlinie besonders durch obige Verbiegung der Wirbelsäule (Rundrücken) kompensiert. Diese Haltung erinnert an ein Fragezeichen. Oft bei Kindern und Jugendlichen!

Verdauungsbeschwerden, wie Verstopfungsneigung, Aufstoßen, Sodbrennen, Blähungen (Folgen der Darmträgheit)
Gallenleiden (Folge der Darmträgheit)
Hämorrhoiden (Folge der Darmträgheit)
Muskelrheumatismus (Verschlackungszeichen)

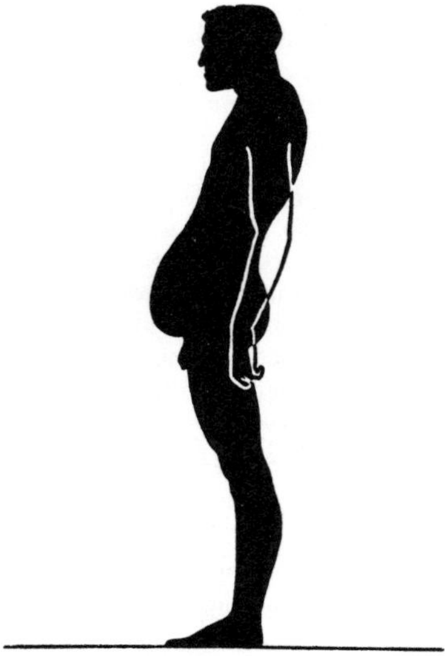

Abb. 9

Sämannhaltung

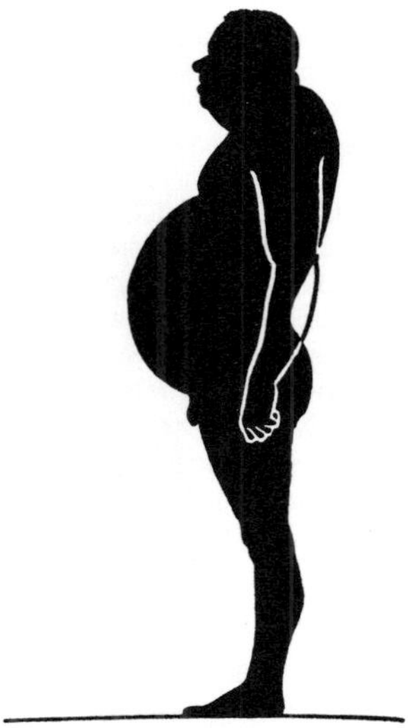

Abb. 10

Großtrommelträgerhaltung

Hochgradige chronische Darmerschlaffung und Kotfüllung ergibt hier den sackförmigen Kotbauch. Dabei nimmt der Träger die Haltung des mit gefülltem Saattuch einhergehenden Sämannes ein. Die Vorderbelastung durch den Kotbauch erzwingt die entsprechende Zurückneigung des Oberkörpers

erinnert an den eine große Trommel vor sich tragenden Soldaten. Enorme Vermehrung des Bauchhöhleninhaltes bedingt hier den großen Gasbauch beziehungsweise Gaskotbauch. Enorme Weit- und Hochstellung des Brustkorbes (Hals verschwindet, Kopf steckt zwischen den Schultern, siehe auch Abb. 15), kompensatorische Buckelbildung der Brustwirbelsäule und Einknickung der Lendenwirbelsäule sind Auswirkungen der schweren Erkrankung des Verdauungsapparates

Kreuzschmerzen (durch Überbiegung der Wirbelsäule)
Periodenstörungen beziehunsgweise Schmerzen, Unregelmäßigkeit, klimakterische Beschwerden, und
Scheidensenkung, Neigung zu Blasenkatarrh und unfreiwilligem Harnabgang (durch Dauerdruck des Darmes auf die Beckenorgane) und andere Beschwerden mehr.

Fall 2: *Hausfrau*, 52, Entenhaltung seit Jugend. Elterliche Ermahnungen und eigene Versuche, sich besser zu halten, wie langjährige Haltungsgymnastik erfolglos. Seit 8 Jahren bereits die meisten der oben angeführten charakteristischen Beschwerden der „Entendame". Patientin erhielt bereits: Injektionskuren, verschiedenste Pulver, Pillen, Tabletten, Tropfen, Zäpfchen, Tees, Bestrahlungen, Einreibungen, Packungen, Dampfbäder und zwei Kurortaufenthalte. Erst nach Behandlung der Dünndarmträgheit nach Dr. *Mayr* Rückbildung sämtlicher Beschwerden und Normalisierung der Haltung. Die bisherige Kleidung konnte nun nicht mehr getragen werden, da sie nicht mehr paßte. Anwendung von Medikamenten erübrigt sich seither gänzlich.

Fall 3: *Gemüsefrau*, 59, Entenhaltung, nach ihrer Angabe verdauungsgesund. Zweimal wegen unfreiwilligen Harnabgangs operiert, ohne Dauererfolg. Ein Hustenstoß oder eine falsche Bewegung genügte, zumal beim langen Stehen am Markte, besonders im Winter, um den Urin an den Beinen herabrinnen zu lassen. Der Uringeruch war zeitweilig so intensiv, daß es Kunden und Bekannten auffiel. Die Untersuchung ergab hochgradig erschlafften Dünndarm, der mechanisch auf die Harnblase drückte. Nach 8wöchiger Behandlung war das Darmpaket sichtbar nach oben gerückt, der Bauch klein und die Körperhaltung überzeugend gebessert. Ein gleichzeitig bestehendes Hochdruckleiden war ebenso wie der Harnverlust gänzlich verschwunden; Patientin ist seither (6 Jahre) – bei jährlicher Kurwiederholung – trocken geblieben.

Wie aus Abb. 4–10 ersichtlich, geht in allen Fällen die Erschlaffung des Darmes mit Vermehrung des Bauchhöhleninhaltes einher, was wieder Haltungsänderungen durch balancebedingte Verkrümmungen der Wirbelsäule zur Aufrechterhaltung der Statik bewirkt. So muß der Mensch mit sogenanntem Gaskotbauch, wenn er nicht nach vorne fallen will, eine Großtrommelträgerhaltung (Abb. 10) mit Überbiegung der Lendenwirbelsäule einnehmen. Letztere aber ruft gemeinsam mit gewichtsmäßiger Überbelastung der Zwischenwirbelscheiben, besonders des 4. und 5. Lendenwirbels, häufig schmerzhafte Nervenwurzelstörungen, Segmentausfall, Kreuzschmerz, alle möglichen Ischiasformen, Lumbalgien und evtl. Bandscheibenvorfall hervor.

Ein bei solchen Fällen angewandtes Heilverfahren zur Einrichtung fehlgestellter oder aus ihrer Lage geglittener Wirbel heißt Chirotherapie. Die Erfahrungen der Chirotherapeuten haben nun ergeben, daß sich ihre Erfolge wesentlich verbessern lassen, ja daß oft *nur* dann Dauerheilung erreichbar wird, wenn gemeinsam mit der Behandlungsmethode Dr. *Mayrs, die an der Ursache der Fehlhaltung angreift,* vorgegangen wird.

Durchschnittliche Kinderbilder mit den weit verbreiteten Ernährungs-Verdauungs-Haltungsschäden

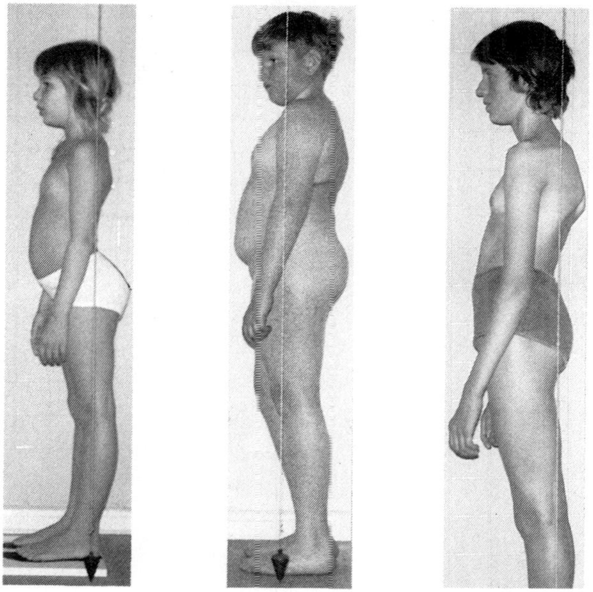

Abb. 11

Entenhaltung 8jähr. Mädchen	beg. Großtrommel 10jähr. Knabe	Lässige Haltung 14jähr. Mädchen

Aus einer wissenschaftl. Arbeit von H. von Treuenfels, siehe Literatur

2. Die Haut*

Die schöne Haut – nur der gesunde Mensch weist sie auf – ist rosig, samtartig glatt, dicht und prall elastisch. Sie schmiegt sich festhaftend an und überzieht den Körper wie ein idealsitzendes, faltenloses Trikot. Sie gibt das Relief ihrer Unterlage in gemildert abgerundeter Form wieder und schafft so die schönen weichen Linien, die wir am gesunden Körper bewundern.

* Näheres darüber in der Ergänzungsschrift „Blut- und Säftereinigung", wo die Merkmale minderwertigen Blut- und Säftezustandes an der Gesichtshaut beschrieben und durch Farbabbildungen erkennbar gemacht sind.

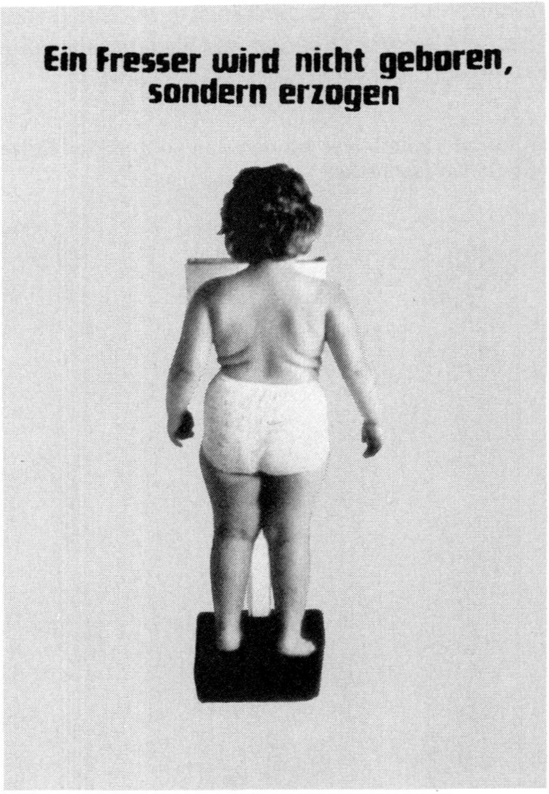

Abb. 12

Gifte verschiedenster Art, zum Beispiel Sucht-, Übermüdungs- und Infektionsgifte, besonders Nikotin und Drogen, verändern bei chronischer Einwirkung die Haut, eigentümliche Spuren hinterlassend. An erster Stelle unter diesen Hautschädigern stehen die Darmgifte. Sie wirken sich auf die Haut, Schleimhäute, Haare und Nägel so deutlich aus, daß man aus der Intensität dieser Veränderungen das Ausmaß der Selbstvergiftung beurteilen kann:

Im *ersten chronischen Vergiftungsstadium*, dem **Quellungsstadium**, tritt solches Nachlassen der Spannkraft des Faser- und Balkenwerkes der Haut auf, daß das ursprünglich feste Gefüge lockerer, weicher und wie „gequollen" wird. So entsteht aus dem gesunden, ovalen

Abb. 13
Normalstadium
(siehe S. 37)

Abb. 14
Quellungsstadium
(siehe S. 38)

Abb. 15
Erschlaffungsstadium
(siehe S. 40)

Gesicht (s. Abb. 13) mit der apfelharten, nicht abhebbaren Backe im Bereiche des Jochbogens das Vollmondgesicht (Abb. 14), das zwar als gesund, ja übergesund *erscheint*, aber in Wirklichkeit bereits ein Schädigungszeichen darstellt. Dementsprechend sind dabei auch die Wangen tiefer gerückt und so weich und schlottrig, daß sie bei jeder Erschütterung des Körpers erzittern, als ob sie aus Sulze wären. Entsprechende Veränderungen zeigen sich am ganzen Körper*. So büßen die gesunden, schöngeformten, reliefbetonten Arme und Beine ihre wohlproportionierte Ausgestaltung ein, und das herrliche Relief des gesunden Rumpfes verschwimmt zur ungestalteten Oberfläche.

Im *zweiten Vergiftungsstadium*, dem **Erschlaffungsstadium**, ist die Spannkraft der Haut noch mehr herabgesetzt. Die Wangen sinken deutlich unter ihrem eigenen Gewicht herab. Es bilden sich Nasenwinkel- und Mundwinkelfalten, Lachfalten, Doppelkinn und Ringe am Hals (Abb. 15); Hängebrüste, Hängebauch, hängende Gesäßbacken, Ringe um die Oberschenkel treten auf und der Unterleib verbreitert sich zur relieflosen, schwappenden Masse.

Im *dritten Vergiftungsstadium*, dem **Stadium des Hautschwundes** (Atrophie), sind wesentliche Hautbestandteile verkümmert.

Die Haut ist dünner, körperloser und so schmiegsam, daß sie sich in die Gruben ihrer Unterlage einsenkt, wodurch dann Muskeln und Knochen, besonders Nase, Kinn, Backenknochen, deutlicher hervortreten und die Körperlinien eckiger werden. Auch die Augen liegen tiefer in den Höhlen (Hohläugigkeit).

Im leichtesten Grad zeigt sich noch ein faltenloses Gesicht wie auf Abb. 16, die substanzarme dünne Haut läßt sich hier mühelos weit abziehen.

Im zweiten Grad des Hautschwundes ist die Haut noch dünner, scharfe Falten zerfurchen das Gesicht (Abb. 17).

Im dritten Grad des Hautschwundes zeigt sich eine nun mehr papierdünne Haut, stellenweise von zerknittertem Aussehen (Abb. 18).

Diese Erscheinungen lassen das Ausmaß der Schädigung des Organismus durch Gifte diagnostizieren und jede günstige oder ungünstige Veränderung genau feststellen. An der weiblichen Brust, wo sich auch Zunahme oder Abnahme der Hautspannung durch Heben oder Erschlaffen der Brüste zeigt, kann durch Messen des Abstandes der

---

* s. *Mayr, F. X.*: Schönheit und Verdauung.

Abb. 16
Stadium des Hautschwundes
1. Grad
(siehe S. 40)

Abb. 17
Stadium des Hautschwundes
2. Grad
(siehe S. 40)

Abb. 18
Stadium des Hautschwundes
3. Grad
(siehe S. 40)

Brustwarzen vom oberen Brustbeinrand jede Verbesserung oder Verschlechterung genau festgestellt werden.

Der Zusammenhang zwischen Darmgiften und Hautveränderungen, wie Falten, Hängewangen, Doppelkinn, Hängebrust und Hängebauch, ist erwiesen. Entgiftung und Verbesserung der Darmfunktion erbringt entsprechende Rückbildung, beziehungsweise Schwinden dieser als Schönheitsfehler bekannten Schädigungszeichen, wenn sie nicht schon irreparable Ausmaße angenommen haben. Auch für viele Erkrankungen der Haut, wie Akne, Furunkel, Nesselausschläge, Ekzeme, unreinen Teint, oder für bestimmte Schäden an Nägeln und Haaren (Struppigkeit, Brüchigkeit, schmutziger Farbton) gilt das gleiche. Somit ist, da die Darmschädigung die häufigste Ursache der Verunreinigung des Blutes darstellt, *die Gesundung des Darmes unsere natürlichste und beste Kosmetik* (= **Kosmetik von innen!**).

Abgesehen von krisenhaften Reaktionen entwickeln sich im Verlaufe der Darmbehandlung nach Dr. *Mayr* die günstigen Veränderungen im Äußeren allmählich fortschreitend und zeigen sich oft erst einige Monate *nach* Kurabschluß am deutlichsten. So tritt die Auswirkung einer Sommerkur oft erst als „Weihnachtsgeschenk" voll zu Tage. Der Unterschied zwischen photographischen Aufnahmen von der Zeit vor Kurbeginn, nach Kurabschluß und entsprechend später ist oft unglaublich und verblüffend*.

Der Zusammenhang zwischen dem Aussehen des Menschen und seiner Gesundheit ist unbestreitbar:
Gesünder werden bedeutet immer schöner werden!

Darmträgheit macht alt

Die statistisch erhobene durchschnittliche Lebenserwartung des Menschen betrug:

Tabelle 1

Bei den Römern	30 J.
Mitte des XVII. Jh.	35 J.
Im XVIII. Jh.	36 J.
Anfang des XIX. Jh.	40 J.

* Siehe Photoserien in *Rauch, E.:* Lehrbuch der Diagnostik und Therapie nach F. X. Mayr.

Ende des XIX. Jh.	45 J.
1911	46,6 J.
1920	55 J.
1944	64 J.
1954 bereits	68,2 J.
und 1986 schon	73,4 J.

Diese Entwicklung läßt sich auf Verbesserung der hygienischen Verhältnisse (erfolgreiche Seuchen- und Infektionskrankheitenbekämpfung), auf Rückgang der Kindersterblichkeit, vermehrten Wohlstand und soziale Altersbetreuung zurückführen. Eine in den letzten Jahrzehnten ausschlaggebende Rolle spielt daneben die Veränderung der Ernährungsweise, mitbedingt durch die Erfahrungen beider Weltkriege. Der Mensch unserer Zeit ißt im allgemeinen schon wesentlich weniger und qualitativ vernünftiger als früher. Was nach Urgroßmutters Kochbuch für 3 Personen bestimmt war, macht heute 5–6 Personen satt.

Richtiger zusammengesetzte und bescheidenere Nahrung hat dazu beigetragen, das Leben zu verlängern. Aber die Erfüllung des Wunsches, einen frohen Lebensabend unbeschwert von quälenden Altersgebrechen genießen zu können und nicht, wie so häufig, die letzten Jahrzehnte nur dahinzusiechen, hängt wesentlich davon ab, ob es gelingt, die Arterienverkalkung einzudämmen. Dieses Leiden stellt nämlich durch seine Auswirkungen – wie Hochdruck, Gehirnschlag, Herzinfarkt, körperlich-seelische Vergreisung usw. – eine besonders häufige Leidens-, Krankheits- und Todesursache dar.

Wer dem vorbeugen will, muß wissen, daß die Ablagerung von Cholesterin und Kalk in den Arterien schon in der Jugend beginnen kann. Die Leichenschau an 300 im Korea-Krieg gefallenen amerikanischen Soldaten im Durchschnittsalter von 22 (!) Jahren ergab nämlich, daß nicht weniger als 77 Prozent von ihnen bereits sichtbare Verkalkung der Herzkranzgefäße aufwiesen!

Die Arterienverkalkung ist aber keineswegs unbeeinflußbar. Ihre Entwicklung wird durch fett-, eiweiß- und zucker(!)reiche Kost beschleunigt. Während zum Beispiel jene genügsamen Bevölkerungsschichten Chinas, für die der Reis das Hauptnahrungsmittel darstellt, meist nichts von Verkalkung verspüren, gehen die fett- und fleischreich ernährten Eskimos schon im Durchschnittsalter von 40 (!) Jahren daran zugrunde. Bei den jemenitischen Juden, die völlig zuckerfrei ernährt werden, lassen sich keine Formen der Arteriosklerose nachweisen. Wandern sie jedoch nach Israel aus, bekommen jene von ihnen Verkalkung, welche Zuckerkonsum aufgenommen haben, während die anderen, welche die jemenitischen Ernährungsweise beibehalten haben, davon verschont bleiben.[1]

In den letzten Jahren der Wohlstandsepoche im Mitteleuropa westlicher Prägung nimmt nun der Konsum an Zucker, Weißmehl und Fleisch enorm zu, was nicht ohne Folgen bleiben wird. Nach den Forschungen von Professor *L. Wendt* führt der meist schon viel zu hohe Eiweißkonsum zu Blutverdickung (Ansteigen des Hämatokrit-Wertes), Wandverdickung der Gefäße, Hochdruck und vorzeitiger Verkalkung mit allen Komplikationen.[2]

Des weiteren wird der Verkalkungsprozeß durch die Darmträgheit als Hauptursache der Verschlackung gefördert. Säuberung und Wiedergesundung des Verdauungsapparates kann den erhöhten Zucker- und Cholesterinspiegel des Blutes senken, was der Verkalkung entgegenwirkt. Der Rat Dr. *Mayrs*, jeder Mensch möge, ohne Rücksicht auf sein Lebensalter, seinen Körper von Zeit zu Zeit entschlacken, erweist sich auch in diesem Falle berechtigt und für den einzelnen, wie für die Volksgesundheit von größter Bedeutung.

Auch die Hormondrüsen (Hirnanhang, Schilddrüsen, Geschlechtsdrüsen, Nebennieren usw.) bestimmen weitgehend den jugendlichen oder senilen Gesamtzustand der Menschen; ihre Leistungsfähigkeit wird durch ihre gute oder schlechte Ernährung sowie durch den Grad ihrer Vergiftung beeinflußt. Jede richtige Säuberung eines verschlackten Körpers wirkt sich auf die Funktion dieser Drüsen günstig aus, was eine sicht- und fühlbare Verjüngung zur Folge hat.

Wenn Professor Dr. *Kollath* feststellt:

„Nicht die Jahre, sondern die Lebens- und Ernährungsweise bestimmen das Alter, das Geburtsdatum ist unverbindlich!", so fügt Dr. *Mayr* ergänzend hinzu:

„Die Gifte im Darm sind es nachweisbar, die den Menschen krank, vorzeitig alt und häßlich machen!"

Das Volk hingegen wendet kurz und treffend einen Ausspruch von *Metschnikoff* an:

„Der Tod sitzt im Darm" oder
„Im Darm beginnt der Tod".

---

1 *Malten, H.:* Lebensweise für Herzkranke. Walter Hädecke Verlag, Weil der Stadt, 1969.

2 *Wendt, L.:* Die Eiweißspeicher-Krankheiten. Proteothesaurismosen. Karl F. Haug Verlag. Heidelberg.

II. TEIL

Gesundung nach Dr. F. X. Mayr

Gesundheitsvorsorge

Die Medizin der Zukunft wird in erster Linie Vorsorgemedizin sein: Vorsorgemedizin, die sich nicht darauf beschränkt durch labormäßiges „Durchchecken" des Menschen bereits vorhandene Erkrankungen frühzeitig zu entdecken. Es wird viel mehr *aktive* Vorsorgemedizin sein, die den sogenannten Noch-Gesunden berät und erzieht, aktiv Förderliches für die Erhaltung und Verbesserung seines Zustandes zu unternehmen. Dazu eignen sich vor allem eine gesundheitsbewußte Neuorientierung der Lebens- und Ernährungsweise, wie naturgemäße psycho-physische Ertüchtigungs- und Heilmaßnahmen. Wer einmal eine Fasten- oder Darmreinigungskur richtig durchgeführt hat, der weiß aus eigenem Erleben, wie grundlegend wohltuend sich dies auf Leib und Seele auswirkt; der weiß, was Darm-, Blut-, Säfte- und Gewebereinigung bedeuten; und der weiß, wie notwendig und wertvoll, auch als Vorbeugung, innere Entgiftung und Entschlackung für den modernen Menschen ist.

Heute ist es zwar dem Wohlstandsbürger selbstverständlich, für sein geliebtes Fahrzeug alle -zigtausend Kilometer *vorsorglich* einen Service durchführen zu lassen. Er spart dafür weder Geld, Zeit noch Mühe. Aber er weiß fast nichts davon, daß er auch für sich *selbst,* für die Erhaltung seiner *eigenen* Gesundheit, *aktiv* Wesentliches beitragen könnte. Seine Einstellung zur Gesundheit ist aufgrund falscher oder mangelnder Information meist erschreckend passiv. In nahezu kindlicher Naivität faßt er seine etwaige Beschwerdefreiheit als Selbstverständlichkeit auf. Er ahnt nichts davon, daß auch er wahrscheinlich einen Dünndarmschaden aufweist, der insgeheim dabei ist, allmählich seine Gesundheit zu untergraben. Und daher ist es nicht gleichgültig, wie, wieviel und was er ißt! Aber sein Gesundheitsbewußtsein pflegt erst dann zu erwachen, wenn sich quälende Krankheitssymptome peinsam bemerkbar machen.

Auch die Sozialversicherungen haben die aktive Gesundheitsvorsorge noch nicht in ihr Erziehungs- und Leistungsprogramm aufgenom-

men, obzwar die aktive Vorsorge die einzige reelle Möglichkeit darstellt, die Kostenexplosion im sogenannten Gesundheitswesen einzudämmen! – Es ist eine uralte, heute mehr denn je gültige Weisheit:
Vorbeugen ist viel besser – und viel billiger – als heilen!

Aber für den in aktiver Gesundheitspflege weitgehend unaufgeklärten Wohlstandsbürger mit seinem oft schon tausenderlei Weh und Ach gilt nach wie vor das kümmerliche Wort:
Deine Gesundheit – das unbekannte Wesen!

Für diese Unbekanntheit gibt es zahlreiche Ursachen. Eine liegt darin, daß die Gesundheitslehre *F. X. Mayrs* noch weitgehend unbeachtet ist. Zu Recht hat schon *Paracelsus* gefordert, man solle die Kranken an ihren äußeren Krankheitsmerkmalen, den „Signaturen", erkennen, wie die Narren an ihren Schellen. *F. X. Mayr* hat die von außen her zu sehenden Signaturen der Verdauungsschäden mit seiner Diagnostik beschrieben und hat gelehrt, sie schon in ihrem Anfangsstadium zu erkennen und zu behandeln. Wer einmal mit dem durch die *Mayr*-Diagnostik geschärften Auge zu schauen gelernt hat, wird den sogenannten Gesunden, die in vieler Hinsicht nur mehr Halbkranke im Krankheits-Vorfeld sind, auf Schritt und Tritt begegnen: Den Großtrommelträgern, Sämännern, Entendamen, dürren Atrophikern, den ihre Hosennähte sprengenden Gas-Kotbauchbesitzern sowie vielen anderen von Verdauungsschäden Gezeichneten.

Man gehe nur einmal sehend (!) an einen Badestrand und betrachte kritisch die Figuren, Bauchformen und Hautstadien der Badegäste und wird zumindest an jedem zweiten charakteristische Merkmale für Ernährungs-Verdauungsschäden erkennen! Aber die Allerwenigsten wissen davon, viele verhalten sich, als hätten sie die Gesundheit gepachtet, treiben Raubbau mit ihren Reserven, schädigen sich durch zuviel an Essen, Alkoholtrinken, Rauchen, Kaffeetrinken, Naschen, Einnehmen von Medikamenten und Suchtmitteln usw., bis man sagen muß:
„Es ist schon später als du denkst!"

Man betrachte auch die Bauchformen der Patienten, die zumeist áuf Kosten von Staat und Sozialversicherungen auf Kuren geschickt werden, und wird ebenfalls feststellen, daß es sich in der Mehrzahl um Verdauungs-Geschädigte handelt!

Aber mangels einer Kenntnis der *Mayr*-Diagnostik werden diese Patienten meist noch mit staunenswert üppiger und übersäuernder Kost (viel Fleisch, Fett und süße Nachspeisen) gemästet; und viele konsumieren – da Baden und Langeweile hungrig und durstig machen – noch zusätzliche Portionen Süßigkeiten, Kaffee, Alkohol usw. Dadurch wird die Entgiftung und Ausscheidung der durch die Kur in Bewegung gesetzten Säuren und anderen Stoffwechselschlacken beeinträchtigt und dadurch wird *das häufigste Grundleiden des Zivilisations- und Wohlstandsbürgers, sein Ernährungs-Verdauungs-Stoffwechselschaden,* weiterhin verschlechtert. Der Patient wird oft schon in Bälde neue Kuren oder kostspielige Medikamente in Anspruch nehmen.

Die Diagnostik nach *Mayr* weist objektiv nach, daß für den heutigen Zivilisationsmenschen ein möglichst frühzeitiger „Gesundheits-Service" im Sinne von Darmreinigungskuren zweckmäßig ist. Und weiters, daß ein wesentlicher Teil aller Vorfeldschäden und aller nicht zu weit entwickelten Krankheitsprozesse durch solche Maßnahmen zur Rückbildung gebracht wird. Und nicht zuletzt, daß so die Entstehung von verhütbaren, noch in Vorbereitung begriffenen Leiden weitgehend verhindert werden kann. *Daher stellt die Behandlung nach Mayr eine hochwirksame, aktive Gesundheitsvorsorge für den heutigen Zivilisationsmenschen dar.*

Mit der Empfehlung einer solchen Vorsorgemedizin sagen wir nichts Neues! Wir wiederholen nur die seit Jahrtausenden bestehenden Gebote aller Kulturreligionen nach zeitweiligem Fasten oder Teilfasten, wobei aber *F. X. Mayr* diese uralten Erkenntnisse diagnostisch überprüfbar und durch Anpassung an die Situation des heutigen Menschen wieder leicht durchführbar gemacht hat.

Das Heilfasten

Uralt ist das Wissen der Menschheit um die reinigende und erneuernde Kraft des Fastens, das heißt der zeitweiligen freiwilligen Beschränkung oder völligen Einstellung der Nahrungsaufnahme. Aus diesem Grunde war und ist es in den kultischen Vorschriften zahlloser Völker fest verankert. Es gibt kein großes Religionssystem, das nicht seinen Gläubigen empfiehlt, ja sogar gebietet, durch alljährlich wiederholtes Fasten Körper und Seele zu reinigen, um sie auf diese Weise von Niedrigem und Krankem zu befreien und zum Erkennen und Erstreben höherer Ziele zu erheben.[1] Auch die im Altertum blühenden Schulen der Weltweisheit (Pythagoräer, Stoiker, Epikuräer usw.) bedienten sich des

1 *Regamey, O. P.:* Wiederentdeckung des Fastens, Wien – München 1963. Verlag Herold (Fasten aus religiöser Sicht betrachtet).

Fastens, um auf Grund einer ertüchtigten Leibesverfassung Fortschritte in der Wahrheitserkenntnis und tugendhaften Selbstbeherrschung zu erzielen. Die großen Ärzte des Altertums, wie *Hippokrates* und andere, deren intuitives Wissen wir heute noch bewundern, wendeten das Fasten vielfach an. Wenn daher die moderne Heilkunde auf dieses natürlichste Heilmittel in zunehmendem Maße zurückgreift, folgt sie nur einer Übung, die wahrscheinlich so alt ist wie die Menschheit selbst.[1, 2]

Das Fasten bewirkt Schonung und Erholung des Verdauungsapparates; es bekämpft erfolgreich die Darmträgheit; es säubert und entgiftet den Organismus von Stoffwechselrückständen, entsäuert ihn und mobilisiert seine Heilungskräfte zur Beseitigung krankhafter Prozesse.

Das Fasten hat sich bei einer großen Anzahl von Krankheiten bewährt, besonders bei Verdauungs-, Ernährungs-, Stoffwechsel- und Drüsenleiden, Herz- und Kreislaufstörungen, bei vielen Erkrankungen der Atmungsorgane, bei Nieren-, Blasen- und Unterleibsleiden der Frau, bei verschiedenen Hautkrankheiten und allergischen Prozessen, bei fieberhaften Erkrankungen überhaupt sowie bestimmten nervösen und seelischen Störungen.

Den Hintergrund der meisten angeführten Krankheitsbilder stellt vor allem eine Giftstoff-, Säure- bzw. Schlackenbelastung dar. Es gibt im menschlichen Organismus kaum ein Organ oder Gewebe, das nicht durch Gifte, insbesondere durch Säuren, d. h. durch Übersäuerung gestört oder geschädigt werden kann, und das nicht durch Entgiftung-Entsäuerung wieder gebessert würde. Und es gibt keine wirkungsvollere Entgiftung-Entschlackung-Entsäuerung als durch Fasten oder die weiteren Behandlungsformen nach F. X. Mayr.[3]

Darüber hinaus ist Fasten **die** Vorbeugungsmethode schlechthin, die, rechtzeitig angewendet, den Ausbruch zahlreicher Leiden verhindert, ein herabgesetztes Allgemeinbefinden verbessert und die Leistungskraft mehrt.

Seiner intensiven Heilwirkung verdankt das Fasten die Bezeichnungen *„Operation ohne Messer“* und *„der königliche Heilweg“.*

---

1 *Buchinger, O.:* Das Heilfasten. Stuttgart. Hippokrates-Verlag.

2 *Heun, E.:* Das Fasten als Erlebnis und Geschehnis. Frankfurt/M. 1953. Vittorio Klostermann Verlag.

3 Mehr darüber in den speziellen Kapiteln „Ernährungsweise aus der Sicht des Säure-Basenhaushaltes“ und „Abhilfen gegen Übersäuerung“ in *Rauch*: „Die F. X. Mayr-Kur ... und danach gesünder leben“. Karl F. Haug Verlag, Heidelberg.

Vom Fasten ist das Hungern grundsätzlich zu unterscheiden.

Als *Hungern* bezeichnen wir eine dem Körper schädliche Unterversorgung mit Nährstoffen. Sie kann verursacht sein:

1. absichtlich, wie zum Beispiel durch Hungerstreik;
2. wider Willen, infolge Nahrungsmangels, bei Hungersnot, Katastrophen;
3. durch beträchtliche Funktionsuntüchtigkeit des Verdauungsapparates, wenn die Körperzellen trotz ausreichender Nahrungszufuhr unzureichend ernährt werden.

Hingegen ist Fasten eine völlig freiwillige, von bejahendem Willen getragene Nahrungsbeschränkung oder -enthaltung, um die Gesundheit grundlegend zu verbessern. Bei dieser Einstellung dient es keiner schädlichen Unterversorgung mit Nährstoffen, sondern einer sinnvollen Schonung, Entgiftung-Entsäuerung des Verdauungsapparates und des Organismus. Während der Hungernde immer elender wird, gar wenn das Schreckgespenst baldigen Verhungerns dazukommt (zum Beispiel bei eingeschlossenen Bergleuten), bessert sich der Zustand des Fastenden zusehends, was in Gesundung des Gesamtorganismus, Behebung zahlreicher Störungen und Gebrechen und einem beglückenden Reinheitsgefühl, einer Harmonisierung des inneren und äußeren Menschen zum Ausdruck kommt. Der königliche Heilweg, das Fasten, besitzt Tradition und Bewährung von Jahrtausenden und seine große Heilwirkung kann nur von Nichtwissern in Abrede gestellt werden.

Als Dr. *Mayr* an sich selbst und an seinen Patienten erstmals Fastenkuren durchführte, war er über die günstigen Auswirkungen so beglückt, daß er sich zeitlebens diesem Heilverfahren verschrieb. Dabei kristallisierten sich verschiedene Behandlungsformen heraus.

Die Behandlungsformen nach F. X. Mayr (Mayr-Kuren)

Mayr-Kuren sind die individuell gestalteten Fasten-, Diät- und Darmregenerationskuren schlechthin. *Sie sind Individualkuren* in verschiedenen Abstufungen. *Mayr* erkannte mit Hilfe seiner Diagnostik, daß seine Kuren je nach Fall durchaus unterschiedlich durchzuführen sind. Für den einen ist zunächst strenges **Teefasten** am besten, für den anderen die **Milch-Semmelkur** und für den dritten eine milde Schonkost wie die **Milde Ableitungsdiät***. *Mayr-Kur bedeutet daher nicht in jedem Fall Fasten oder Milch und Semmel essen, sondern bedeutet die*

* *Rauch/Mayr:* Milde Ableitungsdiät. Karl F. Haug Verlag, Heidelberg.

für den Einzelfall jeweils erfolgversprechendste Darmschonung und Entschlackung, wie sie der *Mayr*-Arzt nach Untersuchung des Patienten empfiehlt.

Dementsprechend umfaßt der Rahmen der *Mayr*-Kur

1. Heil- oder Teefasten nach *Mayr,*
2. Milchdiätkur (Milch-Semmelkur) nach *Mayr* und
3. erweiterte Schonkostformen wie Milde Ableitungsdiät**.

1. Das Heil- oder Teefasten nach Mayr

Dieses ist eine strenge Fastenform, bei der auf einige Tage, auf 1–2–3 Wochen, in Sonderfällen sogar noch länger, nur dünn gebrühte Kräutertees (eventuell mit etwas Honig und Zitronensaft), Wasser, Mineralwasser oder auch klare Gemüsebrühe eingenommen werden. Das Teefasten wird am besten in einem Kurhaus durchgeführt. Dabei helfen mit: Der Abstand von beruflichen und sonstigen Belastungen, das Ausspannen von Schwierigkeiten und Sorgen, die heilungsfördernde Atmosphäre und klimatische Lage, die Ruhe, gute Luft, Aufenthalt in wenig berührter Natur sowie die Gemeinschaft mit den gleich eingestellten übrigen Fastenden. Das befreiende Erlebnis der inneren Reinigung schafft unter den Teilnehmern aufgelockerte, fröhliche persönliche Beziehungen:

Fasten macht freier und froher

Im Kurhaus entfällt auch das leidige Dareinreden taktloser, unverständiger Mitmenschen. Diese versuchen oft hemmungslos, die Kur zu verteufeln, sei es aus Fütterungstrieb, sei es aus Neid oder schlechtem Gewissen, meist weil sie selber Fasten nötig hätten, dazu aber zu feig oder zu charakterschwach sind.

Das Heil- oder Teefasten nach *Mayr* unterscheidet sich von allen anderen Fastenmethoden durch:

1. Der Kurarzt muß die Diagnostik nach *Mayr* beherrschen. Dadurch gewinnt er ein umfassendes Bild vom Darm- und sonstigen Gesundheitszustand, vom Verschlackungs- und Vergiftungszustand des Patienten und dem Ausmaß seiner Fastenbedürftigkeit.

** Als in letzter Zeit immer mehr Prominente aus Kunst, Wissenschaft, Politik (Landesväter) etc. Mayr-Kuren durchführten, rauschte der Blätterwald über das „Semmelkuren" der Betreffenden, teils zu Unrecht, da Mayr-Kur als Individualkur alle beschriebenen Möglichkeiten einschließt.

2. Objektiv meßbare Kriterien, welche die für den einzelnen beste Kurform und Kurdauer erkennen lassen.
3. Kriterien, welche die günstigste Ernährungsweise des jeweiligen Patienten nach Kurende anraten lassen (wichtig für Dauererfolg!)
4. Reinigung des *gesamten* Verdauungsweges in *natürlicher* Richtung von der Mundhöhle nach abwärts durch Trinken salinischer Reinigungswässer (siehe Kapitel „Die Säuberung“ S. 62), anstatt wie bisher durch Teilreinigung in verkehrter Richtung vom After aus durch Einläufe und Darmbäder.
5. Manuelle Bauchbehandlung, durchgeführt vom Arzt, als entscheidende Individualhilfe für raschere Gesundung (siehe Kapitel „Die Schulung“ S. 64).

Übergang vom Teefasten auf die Milch-Semmel- und später **Milde Ableitungsdiät***, die mit ihrer speziellen Eß- und Kauschulung erst eine Hauptforderung *Mayrs* verwirklichen lassen:
„Wir haben die Menschen weniger das Fasten zu lehren als vor allem das richtige Essen!“

Die zumeist übliche Zeit für eine *Mayr*-Kur im Sanatorium beträgt für eine Vollkur 4 Wochen, für eine Kurzkur 3 Wochen. Dabei wird oft, aber nicht immer, je nach Diagnose, mit Teefasten nach *Mayr* begonnen, sodann auf Milch-Semmel-Diät und zuletzt auf leichtere Diätformen übergegangen.

2. Die Schon- und Säuberungskur mit Milch-Diät (Milch-Semmel-Kur nach F. X. Mayr)

Während das Teefasten nur einer beschränkten Anzahl von Heilungsbeflissenen, nämlich Kurhausgästen, offensteht, kann die Milch-Diät-Kur mit ihren Varianten einschließlich der *Milden Ableitungskur* von nahezu **allen** Menschen durchgeführt werden. Es ist das geschichtliche Verdienst Dr. *Mayrs,* den grundsätzlich gleichen Heilweg wie das Fasten auch dem vollbeschäftigt Tätigen in Form der Milch-Diät-Kur oder ihren abgemilderten Varianten zugänglich gemacht zu haben. Es ist dies das

---

* Siehe *Rauch/Mayr:* Milde Ableitungsdiät. Kochrezepte der Milden Ableitungskur. Richtlinien für gesündere Ernährung. Karl F. Haug Verlag, Heidelberg.

„Fasten ohne zu Fasten“.

Die Durchführung der milden Kurformen ist bei gleichzeitiger körperlicher oder geistiger Berufsarbeit den Allermeisten sehr gut möglich.

Die Milch-Diät-Kur bringt außerdem:

a) Erziehung zum richtigen Essen

Wer sich richtig ernähren will, muß richtig essen *können,* das heißt, er muß immer nur kleine Bissen in den Mund nehmen, sie in kleinste Teilchen zerkauen und durch bewußtes (durch Konzentration gelenktes) intensives Einspeicheln in Kürze fast völlig verflüssigen *können.* Dies beherrscht aber heute fast kein Mensch. Wie beim Speerwerfer die Armmuskeln immer leistungsfähiger werden, so ertüchtigen sich hier durch richtige Eßschulung die verkümmerten Speicheldrüsen; sie lernen wieder, Speichel in solcher Beschaffenheit und Menge zu liefern, wie es zur Verdauung der jeweiligen Kost am zweckmäßigsten ist; und sie kommen wieder in die Lage, durch Bespülung mittels dünnflüssigen Speichels die Mundhöhle nach dem Essen gründlich zu säubern und zu desinfizieren. Richtiges Essen bewirkt auch bessere mechanische Reinigung der Zähne und Durchblutung von Zahnfleisch und Zahnwurzeln (Massagewirkung des Kauens) und erhöht damit die Haltbarkeit des Gebisses. Richtiges Essen ermöglicht vollkommeneren Ablauf des weiteren Verdauungsvorganges und schafft *die Voraussetzung für Gesundung des übrigen Verdauungssystems.*

An diesem Punkt setzt die *Mayr*-Kur an. Der Mensch beginnt wieder von vorne, eben von dort, wo er es unbedingt notwendig hat. Er übt und lernt, in Ruhe zu kauen und einzuspeicheln. Und wer sich bemüht, beherrscht diese Eßkunst dann so, daß er sie sein Leben lang nicht mehr so leicht verlernen kann.

Da keine Fastenmethode und kein einziges Ernährungssystem, von *Bircher-Benner, Jackson, Hauser, Waerland* bis zu den Lehren von *Kollath, Schnitzer, Bruker* u. a. m., in der Lage ist, dem Menschen diese Voraussetzung richtiger Ernährung zumindest auch nur annähernd so gut anzuerziehen wie die *Mayr*-Kur, besitzt letztere – richtig durchgeführt – schon allein darin grundlegende Überlegenheit. Sie beseitigt eine bisher praktisch übergangene Hauptquelle für schlechte Ernährung und daraus entstehende Übel.

b) Die sinngemäße Anwendung jenes Lebensmittels, das in harmonischer Einheit alle wesentlichen Nährstoffe beinhaltet und das gleichzeitig als klassisches Entgiftungsmittel schlechthin aufgefaßt wird: *die*

Milch. Sie ernährt; sie erleichtert, intensiviert und beschleunigt die Entgiftung des Körpers; sie schwächt die Krisenreaktionen während der Reinigungskur ab oder verhindert sie (siehe später!).

c) Täglich mindestens zweimalige, erstaunlich langanhaltende Sättigung, wodurch es kein „Hungerleiden" und auch keine Angst davor geben kann.

d) Möglichkeit individuellen Vorgehens, dem Einzelfall und seinen Bedürfnissen entsprechend, zum Beispiel durch Übergang auf andere Schonkostformen.

e) Längerfristige Bemessung der Kurdauer, je nach Zustand und Verlauf, je nach ärztlicher Entscheidung.

Jede Form der Heilbehandlung nach Dr. *Mayr,* gleich ob Heilfasten, ob Milch-Diät oder Schonkur mit anderer Schonkost (s. später), ist auf drei Grundsätzen aufgebaut: A) Schonung, B) Säuberung und C) Schulung.

A) Die Schonung

Das Schonprinzip ist der Natur abgelauscht. Das in Freiheit lebende, erkrankte Tier legt sich Schonung auf, um seine Kräfte uneingeschränkt der Krankheitsbekämpfung zuwenden zu können. Es legt sich an einem geschützten Platz zur Ruhe und nimmt instinktiv so lange keine oder nur bestimmte Nahrung auf, bis es wieder gesund ist. Auch die Heilkunde macht seit jeher von diesem Grundsatz Gebrauch: Dem Nervenkranken wird „Schonung" auferlegt, der Fiebernde muß das Bett hüten, der verletzte Arm kommt in die Schlinge und das gebrochene Bein in den Gipsverband.

Dr. *Mayr* schont die Verdauungsorgane, indem er fasten läßt oder die bestmögliche Schonkost darbietet. Zu letzterer gehört:

Die Milch

Die Milch enthält eine einmalige Fülle aller wesentlichen Kalorienträger und Vitalstoffe, wie essentielle Amino- und Fettsäuren, Vitamine, Fermente und Mineralstoffe (einschließlich der Spurenelemente), harmonisch in sich verteilt. Sie ist eine Schutznahrung, ein Entgiftungsmittel, unser wichtigster Vitalstoffträger, ein einzigartiges, geheimnisvolles

„Lebenselixier“, mit Recht als „Königin aller Nahrungsmittel“ bezeichnet.[1]

Tabelle 2

Durchschnittliche Zusammensetzung der Milch[2]

Eiweiß	3,5 %	Kalium	0,160%
Fett u. Lipoide	3,5 %	Calcium	0,125%
Milchzucker	4,8 %	Magnesium	0,012%
Wasser	87,5 %	Eisen	0,010%
Gesamtmineralstoffe	0,7 %	Chlor	0,106%
Kochsalz	0,157%	Phosphor	0,090%
Natrium	0,051%		

Durchschnittlicher Vitamingehalt in 1 Liter Milch

Vit. A	0,6–2 mg	Cholin	150 mg
Vit. B_1	0,4 mg	Vit. C	5– 30 mg
Vit. B_2	1,6–2,5 mg	Vit. D	0,002 mg
Niacin	1 mg	Vit. E	0,6 mg
Pantothensäure	2,8–4,5 mg	Vit. F	1050–1750 mg
Vit. B_4	1 –3 mg	Vit. K	0,32 mg
Vit. B_{12}	2–3 Gamma		

Abb. 19
Milchtropfen – Wunder der Natur (vergrößerte Aufnahme)

1 *Kleine, O. H.:* „Die Milch als Vitalstoffträger“ (Ärztl. Praxis X/1958).
2 „Milch und Milchprodukte in der Ernährung und Diätetik“ von *Halden, Wenger* und *Hartl.* Gesundheitskomm. der Öst. Liga f. d. Vereint. Nat. Wien 1956.

Den biologischen Wert der Milch beweist das Heranwachsen des Jungtieres, das in kurzer Zeit sein Gewicht verdoppelt, ja vervielfacht.

Am besten ist Milch melkfrisch, sodann Milch roh (Vorzugsmilch), weiters Babymilch, die, falls einwandfrei, nicht abgekocht, sondern bei Bedarf nur im Wasserbad gewärmt wird. Bei Erhitzung über 45° C beginnen bereits Veränderungen des Eiweißes der Milch. Malzkaffee zur Milch, Bioghurt, Sanoghurt, Biogarde oder gute Sauermilch können ebenfalls verwendet werden.

Milch ist keineswegs als Getränk aufzufassen, das man zur Stillung des Durstes die Kehle hinabstürzen darf; sie ist vielmehr jenes flüssige Nahrungsmittel, das man immer, ähnlich wie es der Säugling, dem Naturtrieb folgend, tut, nur in kleinsten Portionen einnehmen und gründlich mit Speichel vermischen muß. Bei schlechter Milchverträglichkeit sind Alternativen zu verwenden (siehe später).

Milch darf nicht getrunken, sondern muß „gegessen" werden! Um dies zu ermöglichen, läßt Dr. *Mayr* gleichzeitig ein gut kaubares, die Speichelerzeugung förderndes Hilfsnahrungsmittel einnehmen:

Die Kur-Semmel

Die Beschaffenheit der Semmel (Brötchen aus feinem Weißmehl) ist für den Kurerfolg ausschlaggebend. Nur mit der richtigen Kursemmel kann Leistungssteigerung der Speicheldrüsen, starker Speichelfluß und Kauschulung erzielt werden.

Die Semmeln werden am besten täglich frisch gekauft und in einem trockenen Zimmer auf einem Kasten, zum Beispiel auf Pergamentpapier oder Tuch, in Reih und Glied gelagert und dadurch luftgetrocknet. Je nach Witterung erreichen sie nach zwei bis vier Tagen die rechte Beschaffenheit: Die richtige Kursemmel ist schnittfest, derb elastisch, das heißt gerade noch etwas eindrückbar; sie ist spürbar härter als die übliche Schneidesemmel, soll aber nicht schon die splittrige Härte der „steinharten" Reibsemmel erlangt haben.

So ist es unbedingt nötig, gewissenhaft und verläßlich für ausreichenden Semmelvorrat und genügende Auswahl zu sorgen, vor jeder Mahlzeit den Zustand der Semmeln zu überprüfen, so daß nur die richtig altbackenen Kur-Semmeln eingenommen werden.

Soll der Trocknungsprozeß beschleunigt werden, da die vorrätigen Semmeln noch zu feucht oder weich sind, müssen diese sogleich in kleine Würfelchen zerschnitten, ausgebreitet und luftgetrocknet werden.

Zu frische, weiche Semmeln haben nicht den Quellwert der Kursemmel; sie können nicht genügend gekaut und eingespeichelt werden. Sie werden schlecht verwertet, was zu vorzeitigem Hunger, Auftreibung des Leibes und ungenügender Schonung führt. Dies stellt den Kurerfolg in Frage. **Achtung:** In der dunstigen Küche oder in Behältern (Brotdose, Nylonsäckchen, Lade) gelagerte Semmeln bleiben zu feucht!

Zu harte, staubtrockene Semmeln (Reibsemmel, auch Zwieback und Toastbrötchen) sind ebenfalls ungünstig. Sie besitzen nicht den Quellwert der Kursemmel, regen den Speichelfluß nicht so an, sind aber relativ günstiger als zu weiche Semmeln. Sie können auch schadhafte Zähne gefährden. **Achtung:** Blähungen während der Kur weisen sehr oft auf falsche Semmeln oder falsches Essen hin!

Viele Reformköstler glauben, die Milchdiät nach *Mayr* ablehnen zu müssen, da die Semmel als Weißmehlprodukt biologisch wertlos sei. Aber während der Kur soll die Semmel gar nicht biologische Werte zuführen, sondern nur als **Kau- und Einspeichelungstrainer** dienen! Einen besseren „Trainer“ gibt es nicht! Nur mit Hilfe der Kursemmel können die bei den allermeisten Personen (auch bei den Lebensreformern!) funktionell meist deutlich verkümmerten Speicheldrüsen wieder geschult und zu voller Leistung gebracht werden. Dies ist für die Gesundung des gesamten Verdauungsapparates unvergleichlich wichtiger als eine momentane Vitalstoffzufuhr. Außerdem ist die Kursemmel reine Schonkost. Sie unterstützt das Schonprinzip, während die als Semmelersatz immer wieder vorgeschlagenen Vollkornbrötchen viel zu ballaststoffreich sind und während der Kur die Darmgesundung erschweren. Sie sind als Kautrainer ungeeignet. Die Anwendung der Kursemmel bedeutet aber nicht, daß man **nach** der Kur Weißmehlprodukte verwenden soll! Im Gegenteil! In der anschließenden Dauerkost ist verständlicherweise grundsätzlich biologisch hochwertigen Lebensmitteln, soweit sie richtig verdaut werden können, der Vorzug zu geben.

Wie man essen muß

Vor der Mahlzeit wird die Kursemmel in fingerdünne Scheiben oder Würfel geschnitten. Ein Stückchen wird zum Mund geführt und mit Konzentration darauf solange eingespeichelt (Training der Speicheldrüsen) und so lange gekaut, bis ein flüssiger Semmel- und Speichelbrei von leicht süßlichem Geschmack entstanden ist. (Je verkümmerter die Speicheldrüsen, desto schlechter gelingt dies zu Kurbeginn.) Süßlich wird es deshalb, weil durch Speichelfermente die Stärke der Semmel zu Zucker umgewandelt wird. Nun wird ein kleines Löffelchen Milch dazu genippt oder noch besser, mit nahezu aneinander gepreßten Lippen vom Löffel abgesaugt („sippeln"). Durch das Absaugen entsteht ein Unterdruck in der Mundhöhle, ein Sog, der zur besseren Entleerung der Speicheldrüsen beiträgt. (Durch solches Saugen speichelt der Säugling an der Mutterbrust jede Milchportion ein!) Nun wird der gesamte Mundinhalt, also die Mischung von Semmel, Speichel und Milch, durch weitere Kaubewegung unter Verwendung der Zunge weiter in der Mundhöhle vermischt, wobei sich der Geschmackssinn freuen und die Genüsse auskosten soll. **(Üben!).** Dabei setzt schon in der Mundhöhle die Verdauung der Milch kräftig ein, was für das Gelingen der Kur wesentlich ist. Erst dann wird geschluckt. Nun beginnt der Eßakt wieder von vorne usw., *bis Sättigung erzielt ist.*

Die Menge wird nicht vorgeschrieben.

Falsche Eßweise und schlechte Kureinstellung programmieren Hungergefühl, Gereiztheit, Verdrossenheit und Mißerfolg!

Eßkultur nach Mayr mit zuversichtlicher Einstellung fördert spielerisch leichten Kurverlauf und bestmöglichen Erfolg!

Abb. 20

Entscheidend für den Erfolg ist die spezielle Eßkultur nach *Mayr:*

1. Kleinen Bissen von der Kursemmel in den Mund nehmen.
2. Kauen und Einspeicheln bis zur Verflüssigung der Semmel und Auftreten eines leicht süßlichen Geschmackes.
3. Einen Teelöffel Milch zugeben (nie einen Schluck!!! = grober Kurfehler!!!)
4. Alles in Mundhöhle vermischen und erst dann schlucken!
5. Essen bis zu leichtem Sättigungsgefühl. Etwaig übrig gebliebenes Essen stehen lassen! Auf keinen Fall Milchrest hinunterkippen! Milch ausnahmslos teelöffelweise zum Semmelspeichelbrei essen oder gar nicht!
6. Und das alles mit einer zuversichtlichen, fröhlichen Einstellung.

Nichts Wesentliches wird einem im Leben geschenkt. Sogar bei der Gesundung muß man mitarbeiten, sich ehrlich bemühen und gerade diese – zwar unwichtig erscheinenden – aber dennoch *entscheidenden* Maßnahmen gründlich, konzentriert und konsequent durchführen. *Man will doch den großen Erfolg!* Wer nicht vorschriftsmäßig essen *will,* soll mit der Kur nicht beginnen. Hier gilt: Entweder richtig oder gar nicht! **Gut gekaut ist halb verdaut!**

Die Trinkkur

Jede Darmreinigungskur ist gleichzeitig eine Trinkkur. Empfohlen sind: gutes Trinkwasser, Kräutertees, kohlensäurearme (stille) Mineralwässer. Die Getränke sollen pur und weder zu kalt noch zu heiß eingenommen werden. Oftmaliges Trinken, über den ganzen Tag verteilt, unterstützt ganz wesentlich die Ausschwemmung der Schadstoffe und verhindert Rückvergiftungen.

Wenn nicht anders verordnet, sollen **täglich, je nach Körpergewicht, 2–3 (–4) Liter Flüssigkeit getrunken werden!** Das ist für viele schwer, besonders, wenn sie des Trinkens entwöhnt sind. Aber es ist für das Wohlbefinden während der Kur von großer Wichtigkeit. Auch bei allgemeinem Unwohlsein hilft vermehrte Flüssigkeitszufuhr und stellt meist schon in Kürze Wohlbefinden wieder her.

Durch die Folgen des sauren Regens und vieler anderer Umweltgifte ist der Organismus des heutigen Menschen meist enorm säurebelastet und verarmt an basenbildenden Mineralstoffen wie Natrium, Kalium, Magnesium und Calcium. Daher muß der Mayrarzt der heutigen Zeit seinen Patienten empfehlen, **die Trinkkur mit einer individuell zu do-**

sierenden Menge (je nach Säurebelastung!) von basischen Mineralstoffen („Basenpulver") zu ergänzen. Das heißt, daß je nach Fall ein bis mehrmals täglich „Basenpulver" der Trinkflüssigkeit beigegeben werden sollen.

Damit wird die Tätigkeit der heute meist erheblich basenverarmten und damit „basenhungrigen" basenbildenden Drüsen, wie Leber, Pankreas und Darmdrüsen enorm unterstützt; und damit wird die Ausschwemmung schädlicher Säuren beschleunigt und der Kurverlauf oft entscheidend erleichtert. Mehr über diese in der heutigen Zeit notwendig gewordenen Zusatzmaßnahmen zur Mayr-Kur im Ergänzungsbuch „Die F. X. Mayr-Kur ... und danach gesünder leben".

Der Kräutertee

Während tagsüber der empfohlene Kräutertee **pur** getrunken wird, können als

Abend-Tee

2–3 Tassen Tee mit 1 Teelöffel (nicht mehr!) echten Bienenhonigs (Gehalt an Spurenelementen) und etwas Zitronen- oder Orangensaft (Vitamin C) löffelweise (!) eingenommen werden. Nur bei löffelweiser Einnahme wird ein zufriedenstellendes Sättigungsgefühl erreicht. Dies kommt bei bloßem Hinuntertrinken des Tees nicht zustande. Sollten Honig oder Zitrone schlecht vertragen werden und Blähungen oder Auftreibung des Leibes verursachen, sind sie zu meiden.

Herstellung: 2 Prisen Tee (1 Prise ist die von 3 Fingern leicht erfaßte Menge) werden mit ½ Liter siedendem Wasser überbrüht, 1 Minute lang ziehengelassen und abgeseiht.

Diese **„blonden Tees"** entfalten auf milde, aber beachtenswerte Weise ihre speziellen Wirkungen. Diese können die Kur wohltuend unterstützen. Auch während des Tages sollen blonde Tees getrunken werden, da aber immer nur pur! Andere Zubereitungsarten, wie Aufkochen des Tees oder langes Ziehenlassen führt zum Verlust erwünschter Kräutersubstanzen, wie der wichtigen Duft- und Aromastoffe.

Auswahl: Der kurerfahrene Arzt bestimmt die jeweils zu empfehlenden heimischen Mild-Heilkräuter (Mite-Phytotherapeutika). Je nach Bedarf kommen beispielsweise in Betracht:

Lindenblüten	zur Unterstützung der Entgiftung über Nieren und Haut
Fenchel	zur Förderung der Entblähung und Darmentgiftung

Anserine	zur Entkrampfung von Darm und Nieren
Schafgarbe	zur Anregung des Pfortaderkreislaufs und der Frauenfunktionen
Zitronenmelisse	zur Stärkung von Nerven, Herz und Frauenorganen
Zinnkraut	zur Förderung der Nierenausscheidung und Hautkräftigung
Johanniskraut	zur Beschleunigung der psychischen Regeneration

usw.*

Kräutertees sollen in Kräuterhandlungen, Reformhäusern, Kräuterapotheken besorgt werden, wo sie besonders frisch sind. Am besten sind die bei Wanderungen oder im Garten selbst gepflückten Kräuter.

Kräutertee-Trinken ist auch nach der Kur wichtig. Der heutige Mensch benötigt wegen der Umweltvergiftung auch im Alltag **mehr** an bekömmlicher Flüssigkeit. Oftmaliges Trinken geeigneter Heilkräutertees unterstützt die Entgiftungs- und Ausscheidungsvorgänge. Außerdem beinhalten Kräutertees Mineralsalze, Vitamine, Spurenelemente, Fermente, Duft- und Aromastoffe.*

Alle säuernden Teesorten sind unbedingt zu meiden: Rote Malve (Ibiscus, Nubienblüte), Früchtetees, Hagebutte!

Verhalten bei Hunger und Durst

Wird die Milchdiät vorschriftsmäßig gegessen, hält die Sättigung lange an. Hungergefühl außerhalb der Essenszeit ist äußerst selten. Es tritt fast nur ein, wenn hastig, schlampig oder sonstwie falsch (trinken der Milch statt löffeln) gegessen wird, oder wenn die Semmeln zu frisch und weich sind.

Bei Hungergefühl oder Durst soll stets getrunken werden (Trinkkur!). Sollte einmal trotz Trinkens eines warmen Kräutertees ein echtes Hungergefühl anhalten, so kann auch außerhalb der festgesetzten Essenszeit etwas von der Kursemmel, natürlich ideal verkaut, genossen werden. **Ein quälendes Hungergefühl darf während der Kur nie auftreten!** Mit zunehmender Gesundung schwindet auch bei schwierigsten Fällen das Eßbedürfnis außerhalb der Essenszeiten von selbst.

Man verwechsle aber nicht ein echtes Hungergefühl mit „Gusto", dem Reizen des verwöhnten Gaumens nach Abwechslung. Echter Hunger

* Mehr darüber, auch für die Zeit nach der Kur, in *Rauch/Kruletz:* Heilkräuter-Kuren. Karl F. Haug Verlag, Heidelberg.

ist auch mit Semmeln zu befriedigen. Gusto will hingegen nur seine Delikatessen. Es ist wertvoll und heilsam, dieser Form von Versuchung erfolgreich Widerstand zu leisten.

Allgemeine Schonung

Wenn der Gesundheitszustand des Kurinteressierten nicht schon zu sehr angegriffen ist, so daß Behandlung im Kurhaus empfohlen werden muß, kann die Kur von vielen Berufstätigen während ihrer Berufsausübung durchgeführt werden. Dies gilt für körperliche wie für geistige Arbeiter. Vom Fleischhauer, Mechaniker, Bäcker, Landarbeiter, der Hausfrau, Schneiderin usw. bis zum Juristen, Politiker, Universitätsprofessor haben praktisch schon alle Berufsarten bei Berufsausübung diese Kur mit Erfolg durchgehalten. Voraussetzung dafür ist gründliche Untersuchung und Leitung der Kur durch einen in Diagnostik und Therapie nach *F. X. Mayr* geschulten und erfahrenen Arzt[1]. Er entscheidet in jedem einzelnen Fall, ob die Kur besser ambulant oder stationär vorzunehmen ist. Der Vorteil für viele, ein derart wirksames Heilverfahren ambulant, somit ohne Krankenhaus- oder Sanatoriumsaufenthalt, ja sogar ohne wesentliche berufliche Einschränkung durchführen zu können, ist mit dem scheinbaren Nachteil verbunden, daß keine *Mayr-Kur ohne Mayr-Arzt* gemacht werden soll. Aber es ist verständlich, daß ein so grundlegendes Heilverfahren, eine so durchgreifende „Generalüberholung" des ganzen Organismus unbedingt von erfahrener Hand geleitet und überwacht werden muß. Kurform und -dauer müssen auf die Beanspruchungen des Patienten und seine Reaktionen abgestimmt werden. Die Diätform muß zur rechten Zeit geändert werden, die manuelle Bauchbehandlung darf nicht fehlen und die Kurausleitung in eine milde Kostform und schließlich in eine gesündere Dauerernährung entscheiden weitgehend den Erfolg[2].

Häufig fällt schon während der Kur die Berufsausübung wesentlich leichter.

Nur bei besonderen Ausnahmen wird Liegen verordnet.

---

1 Auch für den Arzt, der diese Kuren leitet, ist eine Spezialausbildung erforderlich. Diese erfolgt nur, wenn der Arzt zuerst selbst die Kur als Patient durchgeführt hat, da nur das Selbsterlebnis das volle Verständnis für das gesamte körperlich-seelische Geschehen möglich macht. Siehe Ausbildungskurse für Ärzte und Mayr-Ärzte-Liste. S. 109.

2 Näheres darüber in „Milde Ableitungsdiät. Kochrezepte der Milden Ableitungskur. Richtlinien für gesündere Ernährung".

Im allgemeinen ist aber eine gewisse Schonung erforderlich. Eine halbe Stunde oder zumindest einige Minuten Ausruhen vor dem Essen, gelegentlich kleine Entspannungspausen und *regelmäßiges frühes Schlafengehen* (Schlaf vor Mitternacht!) sind *unbedingt erforderlich!* Abendliches Fernsehen belastet das vegetative Nervensystem, beeinträchtigt die Schlaftiefe und damit die Regeneration des Organismus. Es ist während der Kur zu meiden! Ebenso wegen Krisengefahr alle Arten von Übermüdung, oder zu heiße Wannenbäder.

Darüber hinaus sollte mancher Patient den Anlaß der Kur benützen, seinen Alltag besser geordnet, gelassener, ruhiger und ausgeglichener zu gestalten (Harmonie = Kräfteschonung). Innere und äußere Lebensunordnung, Zweigeleisigkeit, Hetzjagd, sonstige Belastungsfaktoren sollten mit Kurbeginn weitestmöglich ausgeschaltet werden. (Über die entscheidende Wechselwirkung von seelischen und nervlichen Faktoren siehe Seite 75.)

B) Die Säuberung

In einem Bericht aus dem weltberühmten Kurort für Verdauungskranke, Karlsbad, heißt es: „Ich sitze geruhsam auf meinem Waldbänkchen und lese die Zeitung. Plötzlich rast jemand vorbei, reißt mir die Zeitung aus der Hand und schlägt sich seitwärts in die Büsche. Ich rufe: ‚Herr, das ist ja die heutige Zeitung!‘ Darauf er: ‚Ja, aber auf die morgige kann ich nicht warten!‘“

Auch bei der *Mayr*-Kur erfolgt die Unterstützung der Darmsäuberung durch **Karlsbader Salz** oder – meist etwas günstiger – durch das etwas intensiver wirkende **Bittersalz** (Magnesiumsulfat). Es wird alltäglich, morgens nüchtern, so früh als möglich, gleich nach dem Aufstehen eingenommen. Man gibt einen gestrichenen Teelöffel Salz auf ¼ Liter warmes Wasser. Zur Geschmacksverbesserung kann am Abend vorher das Bittersalz mit etwas Wasser angesetzt und am Morgen mit heißem Wasser aufgefüllt werden. Außerdem darf man 3–5 Tropfen Zitronensaft beifügen, so daß der Geschmack grapefruitähnlich bittersäuerlich wird. Frühstück soll frühestens eine halbe bis dreiviertel Stunde später eingenommen werden, also dann, wenn die Salzlösung den Magen schon verlassen hat.

Obige Bittersalzlösung besitzt eine dem Blut ungefähr entsprechende Konzentration. Sie durchrieselt in natürlicher Richtung den Magen-Darm-Kanal, ohne die Darmschleimhäute zu reizen. Sie löst allmählich dort haftende, oft zäh-klebrige bis verkrustete Kotreste ab und schwemmt sie dem Darmausgang zu.

Wer einmal in den porzellanweißen, glatten Toilettenmuscheln in öffentlichen WC-Anlagen die dort meist befindlichen braunen Verunreinigungen gesehen hat, die so fest haften, daß sie auch durch mehrfaches Spülen mit jeweils 25 Liter Wasser aus der Spülanlage nicht zu entfernen sind, kann sich eine Vorstellung machen, wie es im keineswegs so porzellanglatten Darminneren bei Darmträgheit aussehen mag. Oft kleben hier schon lange Zeit in den unzähligen Ausbuchtungen und Falten des langen Kanalsystems solche Kotreste, die nicht selten mit der Darmschleimhaut auf das Innigste verhaftet oder verbacken sind. Hier ist der „verschmutzte, versumpfte" Nährboden, den schädliche Darmbakterien als Brutstätte benutzen. Daher kann es kein Wunder sein, daß die Giftigkeit der zäh-klebrigen, durch die Kur in Bewegung gesetzten Schlacken nicht unerheblich ist und daß bei ihrer Aufwirbelung und Ausscheidung Reaktionen zustandekommen, die an leichte Vergiftungszustände erinnern (siehe „Die Krise").

Die Ausscheidung der Darmschlacken bewirkt im Verein mit der Bittersalzlösung, zumeist ein-, zwei- bis dreimal täglich, flüssige bis flüssig-breiige Darmentleerungen. Gelangen besonders stark darmreizende Gifte zur Ausscheidung, können viel häufigere wäßrige und meist übelriechende Entleerungen erfolgen. Die abgehenden, oft ätzend-aggressiv wirkenden Schlacken reizen dann mitunter zu zahlreichen Ausscheidungen, in jeweils ganz kleinen Mengen. Gelegentlich schwillt auch die Afterschleimhaut vorübergehend an, rötet und fühlt sich wie wund an. Auch Verstopfung tritt auf, wenn darmlähmend wirkende Gifte zur Ausscheidung gelangen. In allen solchen Fällen weiß der darauf geschulte *Mayr*-Arzt Rat und rasche Abhilfe.

Vom Ergebnis der Säuberung und damit von ihrer Notwendigkeit kann sich jeder selbst überzeugen: Ein Stuhl, der allein von der Milch-Semmel-Nahrung herrührt, ist goldgelb und fast geruchlos, also ähnlich wie beim Säugling. Jede andere Färbung oder aber übler Geruch verraten den Abgang fehlverdauter, schädlicher Rückstände!

Solche Verunreinigungen lösen sich meist ab Beginn der Kur. Gelegentlich können unglaubliche Mengen übelriechender Stuhlmassen von mißfarbiger, schwarzer, brauner, grauer, weißer oder grünlicher Färbung abgehen. Mitunter treten auch bis apfelgroße Kotsteine oder Schalen, Kerngehäuse und andere charakteristische Reste von Speisen zutage, die, soweit erinnerlich, vor Monaten zum letzten Male gegessen wurden[1]. An Stellen, wo diese Rückstände geradezu krustenartig anhaften, kann die Ablösung Schmerzen verursachen. In den meisten Fällen erfolgen die Ausscheidungen nicht so auffallend. Bei ihnen muß meist mit allmählichem Abgang, der weniger intensiv verfärbt ist und weniger übel riecht, durch längere Zeit gerechnet werden. Das Auftreten des ständig hellgelben, geruchlosen Stuhles soll natürlich auch in diesem Falle erzielt werden.

Hand in Hand mit der Reinigung des Darmes vollzieht sich auch eine Säuberung des Blutes und eine Entschlackung und Entsäuerung von belasteten Geweben, Gelenken und Gefäßen. Diese erfolgt großenteils zum Darm hin; sie bedient sich aber auch der Nieren (dunkler, trüber, übelriechender „scharfer" Harn), der Haut (Ausdünstungen, übelriechender Schweiß) und der Schleimhäute, zum Beispiel des Mundes und der Bronchien (übler Mundgeschmack und -geruch, Zungenbelag), bei Frauen auch der Scheidenschleimhaut (Scheidenausfluß) als Organe und Stellen der Ausscheidung.

Je länger und intensiver der Körper der Verunreinigung (Verschlakkung) ausgesetzt war, desto längere Zeit erfordert auch seine gründliche Säuberung. Daher antwortete Pfarrer *Kneipp* einer Patientin in den sogenannten besten Jahren, die schon nach kurzer Behandlungsdauer ungeduldig wurde, sehr treffend: „So ein altes Haus putzt man nicht an einem Tage aus!"

C) Die Schulung

Der Verdauungschlauch ist bei keinem Menschen in seinem ganzen Verlauf überall gleichermaßen geschädigt. Erschlaffte lahme Abschnitte wechseln mit normal funktionierenden und mit übererregten, übervehement arbeitenden oder aber krampfhaft (spastisch) verschnürten Partien ab. So kommt es, daß eine Schulung des Darmes, das heißt Rückführung zur normalen Tätigkeit, niemals durch chemi-

---

1 In letzter Zeit wird oft Abgang von Medikamentenkapseln berichtet, die vielfach vor etlichen Wochen zum letzten Mal eingenommen worden sind.

sche Abführmittel oder übertriebene Mengen an Rohkost, Weizenkleie, schwerste Vollkornbrote, Mehrkorngerichte, Kruska und dergleichen erfolgen kann. Diese allesamt peitschen nämlich den Darm in *allen* seinen Abschnitten auf, was besonders die ohnehin schon überreizten, entzündeten und verkrampften Anteile weiter reizt und den Schaden nur vergrößert. Große Rohkostmengen verursachen Gärungsprozesse im Darm, die zwar gärig-breiige Stühle provozieren, aber den Darm reizen, Blähungen erzeugen und Selbstvergiftung mit Gärgiften (Säure und Fusel) verursachen.

Demgegenüber wendet Dr. *Mayr* eine kunstvolle Tastmassage des Bauches, seine manuelle Bauchbehandlung, an. Dabei tastet der hierfür geschulte Arzt mit behutsamer Hand den jeweiligen Zustand der Darmabschnitte aus und behandelt sie dementsprechend mit mehr oder weniger sanft drückenden Bewegungen.

Die **manuelle Bauchbehandlung** erhöht und vermindert in rhythmischer Abfolge den Bauchinnendruck, wodurch bewirkt wird:

1. *Steigerung der spezifischen (arteigenen) Darmtätigkeit.* Die Aufsaugung (Resorption) von Nährstoffen in das Blut geht intensiver vor sich, und umgekehrt wird die Ausscheidung von Schlacken aus dem Körper in den Darm gefördert. Als Folge zeigt sich schon nach kurzer Behandlungsdauer eine *meßbare* Verkleinerung und Verschmächtigung des Leibes, weiters Rückbildung des Zwerchfellhochstandes und Auftreten eines meist flüssigen Inhaltes im aufsteigenden Dickdarm.

2. *Verbesserung der Zirkulation im Bauchraum.* Durch die rhythmische Druckänderung werden Blut und Lymphflüssigkeit, die sich an erkrankten und entzündeten Stellen gestaut haben, in den Blutkreislauf weggesaugt und von sauerstoffreichem Blut beziehungsweise frischer Lymphe ersetzt. Dementsprechend bilden sich entzündliche Prozesse bereits nach kurzer Zeit zurück, spürbar an der Minderung beziehungsweise am völligen Schwinden des Druckschmerzes. Sämtliche Organe des Bauches werden durch die Saug- und Pumpwirkung der Behandlung besser durchblutet, was sich in einer Erwärmung dieses Körperteils bemerkbar macht.

3. *Fortschreitende Erholung der Verdauungsdrüsen,* bewirkt durch verbesserte Darmtätigkeit und Zirkulation; zum Beispiel wird eine gestaute Leber rasch kleiner und weicher, ihre Druckempfindlichkeit und jene der Gallenblase läßt spürbar nach.

4. *Reinigung des Blutes* durch gesteigerte Ausscheidung von Stoffwechselschlacken in den nun intensiv arbeitenden Darm, erkennbar an der sich spannenden Haut des Gesichtes. Vorhandene Falten glätten sich etwas, so daß ein frischer Gesichtsausdruck entsteht. Das gereinigte Blut läßt das Gesicht frischer und rosiger erscheinen. Blutreinigung und Zirkulationsanregung ergeben auch eine Straffung (Tonisierung) des Herzens, was durch Abklopfen und Abhorchen vor und nach der Behandlung feststellbar ist.
5. *Verbesserung der Atmung.* Die Beweglichkeit des Zwerchfells, die vom Bauchraum her oft deutlich eingeschränkt ist, wird verbessert und jeder Zwerchfellhochstand meßbar rückgebildet. Dadurch kann die normale Bauchatmung intensiver einsetzen. Als Folge werden die Lungen besser durchlüftet und mehr Kohlensäure und andere ausscheidungspflichtige Gase abgeatmet. Hand in Hand damit wird die Sauerstoffzufuhr für den gesamten Organismus entsprechend vemehrt.
6. *Aussprache mit dem Arzt.* Im Rahmen der Bauchbehandlung lassen sich in entspannter, wohltuender Atmosphäre alle Kurfragen und sonstigen Probleme mit dem Arzt besprechen.

Es ist verständlich, daß eine so eingreifende Behandlung nur vom diesbezüglich eigens dafür geschulten Arzt durchgeführt werden kann.

Die nachfolgende humoristische Darstellung der manuellen Bauchbehandlung möge allerdings mehr der Erheiterung als der Sachinformation oder dem Erwecken falscher Hoffnungen dienen.

Zum Heilprinzip der Schulung gehören außerdem:

1. Training des richtigen Essens (Eßkultur nach *Mayr*, siehe später!)
2. Training der Selbstdisziplin
   Dazu gehört auch „Nein danke!" sagen können (auch nach der Kur!) bei ungesunden lukullischen Verführungen, Schleckereien, Essen aus Langeweile, Naschen usw.
3. Abgewöhnung der unnötigen (und daher schädlichen) Zwischenmahlzeiten
4. Vermehrtes Trinken von bekömmlichen Getränken. Der heutige Mensch sollte **weniger** essen aber viel **mehr** trinken.

Was man während der Kur erlernt, kann man nach der Kur leichter fortsetzen.

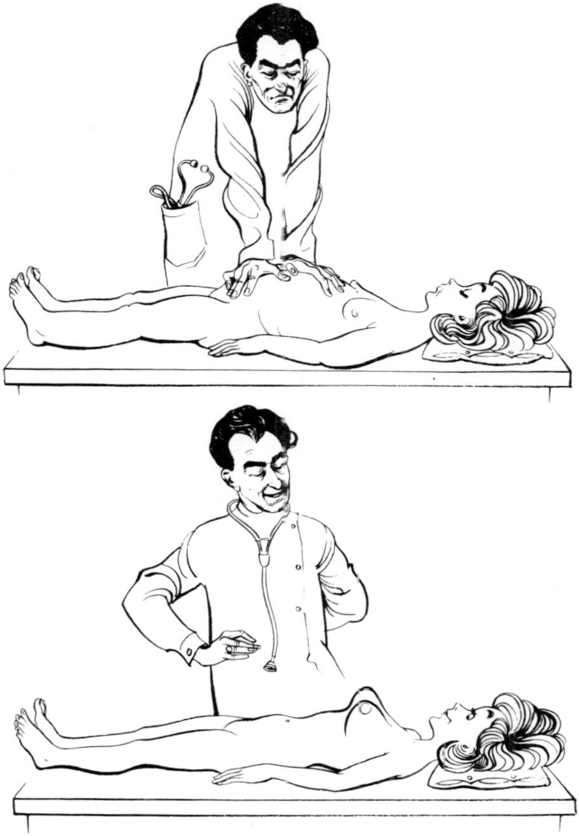

Daß der Erfolg unserer Heilbehandlung immer so augenfällig zutage tritt, kann nicht ausnahmslos garantiert werden!

Abb. 21

3. Die Schon- und Säuberungskur mit anderer oder erweiterter Schonkost

Wird die Süßmilch nicht vertragen, auch nicht mit Malzkaffee oder einem Kräutertee kombiniert, kann an ihrer Stelle Sauermilch, Bioghurt oder dergleichen oder Schafsmilch, Ziegenmilch, Soja- bzw. Mandelmilch aber auch Quark (Topfen) verordnet werden; oder Weizen-, Hafer-, Gersten-, Reisschleimbrei oder -suppe.

Weizenschleimsuppe: 2 Eßlöffel Weizenschrot mit ¼ l Wasser kalt anrühren, 3 Minuten kochen, durch feines Sieb laufen lassen, mit Meersalz salzen, essen wie Milch mit Kursemmel.

Haferbrei: 2 Eßlöffel Hafermark oder feine Haferflocken mit Wasser kalt anrühren (Wassermenge je nach erwünschter dünn- oder dickbreiiger Konsistenz), 3 Minuten kochen lassen (evtl. etwas Milch zufügen oder 1 Eidotter einsprudeln); mit Meersalz und evtl. Sojasauce würzen, essen wie Milch mit Kursemmel. Anstelle von Wasser ist Gemüsebrühe (Basenbrühe) besser. Diese und andere Alternativrezepte im Buch Milde Ableitungsdiät.

Als Semmelaufstrich kann etwas Butter oder edle Margarine (Reformhaus), Honig, Topfen, Gervais, Rahmkäse, Vitaminaufstrich usw. verordnet werden; als Zulage ein weiches Ei, fallweise eventuell zarte, gedämpfte Gemüse, Salzkartoffeln, eventuell gedünstetes Kalbfleisch oder Fisch blau, jedoch immer nur auf entsprechende ärztliche Anweisung. Eine besonders mild eingreifende Kurmethode stellt die **Milde Ableitungskur** dar, bei welcher die eigens dafür entwickelte **Milde Ableitungsdiät** verordnet wird[1]. Auch milde Kurvarianten bringen überzeugende Erfolge, wenn sie für den jeweiligen Patienten gerade das Richtige sind. Die Auswahl der günstigsten Kurform findet der Arzt mittels der Diagnostik nach *Mayr.* In den letzten Jahren kommt den Kochrezepten der Milden Ableitungsdiät immer größere Bedeutung zu; teils als wirksame Kurdiät, teils als Basis für die Neuordnung der Ernährungsweise nach der Kur.

Der Behandlungsverlauf

1. Allgemeines

Dauer und Verlauf der Kur hängen individuell vom Zustand des Patienten, seiner Vitalität und seinem Heilvermögen, sowie von der Einhaltung der Vorschriften ab. Den meisten fällt die ganze Kur unerwartet und überraschend leicht. Echtes Hungergefühl tritt nur in Ausnahmefällen auf, wobei der Arzt jederzeit entsprechende Entscheidungen treffen kann. Ein „Hungerleiden" **darf** es während der Kur nicht geben! Anders

1 Beschrieben in „Blut- und Säftereinigung. Milde Ableitungskur" und „Milde Ableitungsdiät", in welcher alle Kochrezepte angegeben sind.

ist es – was häufig vorkommt –, wenn nicht gründlich gekaut und eingespeichelt wurde. Hier schafft Selbsterziehung zum richtigen Essen sofort Wandel.

2. Die Krise

Wie schon besprochen, kann es als Folge der Säuberung zur stoßartigen Aufsaugung von Zersetzungsprodukten in das Blut kommen. Diese „Rückvergiftung" des Organismus mit den in Bewegung geratenen Schlacken bezeichnet man als Krise. Sie kann sich äußern in Kopfschmerzen, Appetitlosigkeit, Ekel vor Nahrungsaufnahme oder Übelkeit, Benommenheit, Schwindelgefühl, schlechter Laune und Gereiztheit, bleierner Müdigkeit, Schwächegefühl, Sehstörungen und anderes mehr.

Die Krise beginnt meist plötzlich, dauert Minuten bis Stunden, gelegentlich Tage. Viele Patienten, beziehungsweise ihre Angehörigen sehen in den Krisenerscheinungen einen durch „Unterernährung" herbeigeführten Schwächezustand. Diese Auffassung erweist sich schon deshalb als vollkommen falsch, weil bei Fortsetzen der bisherigen Diät stets wieder Wohlbefinden eintritt, sobald die Giftwelle, die den Körper überflutet hat, abgeebbt und der Giftstoff ausgeschieden ist. Schon beim ersten Krisenzeichen soll man reichlich trinken und so die Giftausschwemmung vorantreiben. Mit der Beseitigung der Ursache schwindet auch ihre Auswirkung.

Es können aber auch Organreaktionen im Sinne von „Heilungsschmerzen" auftreten, zum Beispiel Anschwellen der Gelenke, falls ältere Gelenkleiden bestehen, oder Schmerzen in verschiedenen Geweben bei Weichteilrheumatismus, Schmerzen in der Gallenblase, falls ein Gallenleiden vorliegt. Bei älteren Entzündungsprozessen im Magen, Dünndarm oder Dickdarm, vor allem an den Dickdarmecken, oder in den Eierstöcken usw. können in diesen Organen Schmerzen auftreten. Es reagieren aber immer nur Organe, die nicht gesund sind.

Die Ursache des Heilungsschmerzes wird aus dem Werdegang des chronischen Prozesses verständlich: Aus dem beschwerdefreien **Gesundheitsstadium (G)** entsteht durch Schädigung das **akute Erregungsstadium (E),** das schmerzhaft ist. Wenn nicht Heilung eintritt, geht dieses in das **chronische Lähmungsstadium (L),** in den alten Prozeß über. Dieser ist häufig beschwerdefrei durch narkoseartige Lähmung der Nervenenden.

G	→	E	→	L
Gesundheitsstadium →		Erregungsstadium → (akut, schmerzhaft)		Lähmungsstadium (chronisch) (oft beschwerdefrei) (oft scheinbar gesund)

Der Rückweg durchläuft dieselben Stationen: Der chronische Prozeß gelangt in das Erregungsstadium zurück, wird akut, (Heilungs-) Schmerzen treten kurzfristig auf, bis der endgültige Übergang in das Gesundheitsstadium erfolgt ist:

L	→	E	→	G
Lähmungsstadium →		Erregungsstadium → (schmerzhaft)		Gesundheitsstadium

Die durch die Kur aktivierten Heilkräfte überprüfen die Organe in unbestechlicher Weise auf ihren wahren Gesundheitszustand. Das oft gerade noch rechtzeitige Aufflackern versteckter Krankheitsherde und ihre schließliche Ausheilung erweist sich dabei besonders segensreich.

Was sich während der Krise im Körper abspielt, können täglich badende Patienten anschaulich beobachten. Das ansonsten verhältnismäßig reine Badewasser ist an Krisentagen schmutzig, die Badewanne weist einen grauschmierigen Schmutzrand auf*. Daraus kann auf Abgang beträchtlicher Schlackenmengen durch die Haut geschlossen werden. Weitere Symptome der krisenhaften Reinigung sind Hautausdünstungen, mißfarbige, übelriechende Stühle, Mundgeruch und trüber, scharfriechender Harn. Bei Frauen kann Scheidenausfluß vorübergehend auftreten beziehungsweise sich steigern.

Die wirksamsten Hilfen in der Krise sind: Manuelle Bauchbehandlung, viel und oft Trinken, Wechselduschen, Baden, Abwaschen des Körpers oder Gehen in flottem Tempo in frischer Luft. Dadurch kommen die Gifte rasch zur Ausscheidung und das Wohlbefinden tritt wieder ein.

3. Objektive Kriterien der Gesundung

Um einer weitverbreiteten Meinung entgegenzutreten: Das Körpergewicht und dessen Veränderung stellen weder wesentliche noch ver-

---

* Serienmäßige Nachprüfungen und Bestätigung dieses Phänomens verdanken wir Herrn Dr. med. *Drumbl,* Graz.

läßliche Gesundheitskriterien dar. (Der Magere nimmt während der Kur meist wenig oder gar nicht an Gewicht ab, während der Dicke meist beträchtlich an Gewicht verliert.)

Hingegen besitzen wir in der Diagnostik von Dr. *Mayr* einen objektiven Wegweiser, der am Körper, von oben nach unten beobachtet, besonders folgende Zeichen untrüglicher, allgemeiner Gesundheitsverbesserung erkennen läßt:

Verkleinerung und Straffung des Gesichtes, Rückbildung der Vergiftungszeichen (s. Abb. 13–18), Verminderung von Doppelkinn und Falten, Normalisierung der Körperhaltung (s. Abb. 4–10), damit auch des Halses nach Form und Länge, Verminderung des Abstandes zwischen den Schulterblätten, Schlankerwerden der unteren Brustkorbpartien und der Hüften, Verkleinerung und Weichwerden des Bauches, Wiederbildung der Taille, Einziehung des hervorstehenden Gesäßes durch Verkleinerung der abnormen Beckenneigung, Verminderung vermehrter Wirbelsäulenkrümmungen, wie überhaupt eine zunehmende Wohlgestaltung des Körpers.

Als Kriterium der Gesundung ist auch die Haut zu beachten, die schließlich ihre Spannkraft so verbessern muß, daß hängende Partien am Körper – ungeachtet einer Gewichtszu- oder -abnahme – sich zurückbilden. Diese Behandlungsergebnisse treten mitunter erst einige Monate nach Kurabschluß voll zutage. Je schlechter der Hautzustand ist, desto länger braucht die Regeneration.

Verständlicherweise können auch Röntgen-, Ultraschall- und andere vorher abnorme Befunde objektive Gesundungsvorgänge dokumentieren, wie z. B. die Ausheilung von Magen-Zwölffingerdarm-Geschwüren. Bei der überwiegenden Mehrzahl aller abnormen **Laborbefunde** bringt die Kur eindeutige, „signifikante" Verbesserungen. Wie deutlich diese ausfallen können, zeigt beispielsweise der folgende Fall:

Fall 4: *Verleger,* 60, gelb-graue Gesichtsfarbe, Großtrommelträgerhaltung, Enteropathie mit Gasbauch und Leberschwellung. Er klagt über Leistungsabfall, Depressionen, Alterungserscheinungen. Bei Streß trinke er zuviel Alkohol. Nach starken Entgiftungskrisen zu Kurbeginn geht es dem Patienten rasch besser. Nach 4 Wochen sind Gesichtsfarbe, Leber und Haltung enorm verbessert. 8 kg Gewichtsverlust. Er selbst bezeichnet sein Befinden als hervorragend. Dies bestätigen auch *die Veränderungen seiner abnormen Laborwerte innerhalb von 4 Wochen.*

	Anfangswerte		Kurabschlußwerte	Normalwerte
Leberwert GOT	84	⟶	29	bis 18 U/l
Leberwert γGT	404	⟶	172	bis 28 U/l
Blutzucker	139	⟶	83	bis 100 mg/dl
Harnsäure	9,2	⟶	6,0	bis 7 mg/dl
Cholesterin	321	⟶	262	bis 200 mg/dl
Triglyceride	460	⟶	114	bis 150 mg/dl

Dazu ist zu ergänzen, daß sich die Werte *nach* Kurende noch weiter zu verbessern pflegen. Die besten Werte sind meist erst 6 – 10 Wochen nach Kurende zu erwarten. Die Rückbildung krankhafter Befunde erfolgt zwar nicht immer so spektakulär wie oben, jedoch treten im Rahmen der realistisch zu setzenden Erwartungen meist äußerst befriedigende, ja oft sogar fast unglaubliche Verbesserungen ein. Da diese der jeweils erzielten Allgemeingesundung des Patienten durchaus entsprechen, werden sie in den weiteren Fallbeschreibungen nicht mehr extra angeführt.

4. Weitere charakteristische Fälle

Fall 5: *Ärztin,* 28, Entenhaltung, Erschlaffungsstadium der Haut, erkrankte nach Entbindung an einem Gallenleiden. Trotz 6monatiger Behandlung durch namhafte Klinik-Ärzte keine Besserung, ständige Schmerzen, Arbeitsunfähigkeit, 15 kg Gewichtsverlust, völlig heruntergekommen. In ihrer Verzweiflung griff sie zum „Strohhalm" und führte unter Leitung eines Schülers von Dr. *Mayr* eine strenge Darmschonkur durch. Nach 5 Wochen wurde sie endgültig beschwerdefrei, voll arbeitsfähig und nahm an Gewicht zu. Das Erschlaffungsstadium der Haut ging in das Quellungsstadium über, die Leistungsfähigkeit war nun phänomenal.

Zu dieser Zeit war der Verfasser dieser Schrift noch als Spitalarzt tätig und hegte allen Heilverfahren gegenüber, die nicht auf der Hochschule gelehrt wurden, große Skepsis. Dennoch entschloß er sich angesichts dieses und anderer verblüffender Erfolge durch *Mayr*-Kuren – nachdem er selbst entsprechende Ausbildung in diesem Heilverfahren erhalten und selbst, mit Dr. *Mayr,* am eigenen Körper die Wirksamkeit der Kur kennengelernt hatte – die Methode Dr. *Mayrs* an einigen anscheinend verzweifelten Fällen zu erproben:

Fall 6: *Postbeamter,* 30, lässige Haltung, vor 3 Jahren Gallenblasenentfernung, seither ständiger Druckschmerz im rechten Oberbauch, häufig schwerste kolikartige Schmerzanfälle. Patient lag bereits 6 Wochen im Krankenhaus und erhielt auf Anordnung des leitenden Professors unter anderem fast täglich stärkste schmerzstillende Injektionen. Trotz aller Therapie keine Besserung, Patient vollkommen verzweifelt. Nach Entlassung Durchführung der *Mayr*-Kur: nach 10 Tagen keine Anfälle mehr, Rückbildung der starken Leberschwellung, sichtliche Erholung. Nach 6 Wochen vollkommen beschwerdefrei.

Fall 7: *Druckereibesitzer,* 58, angedeutete Großtrommelträgerhaltung, Erschlaffungsstadium der Haut, seit 3 Wochen im Spital liegend wegen Angina-pectoris-artigen Anfällen mit Herzschmerz, Todesangst, Vernichtungsgefühl. Trotz intensiver medikamentöser Therapie, strengster Bettruhe usw. keine Besserung. Da die Anfälle durch Zwerchfellhochstand ausgelöst wurden, führte der Verfasser einmal an Stelle der verordneten opiumhaltigen Injektion eine manuelle Bauchbehandlung durch, worauf der Patient nach einigen Minuten völlig beschwerdefrei wurde. Patient führte nach Spitalentlassung *Mayr*-Kur durch, die Normalisierung der Haltung, Senkung des Zwerchfells (etwa um 10 cm!) und völlige Befreiung von den Anfällen erbrachte. Ohne Verwendung von Medikamenten besteht seither Beschwerdefreiheit, Patient fühlt sich „wie neugeboren".

Fall 8: *Stenotypistin,* 35, Anlaufhaltung, Schwundstadium 1. Grades, frisches Magengeschwür, seit 6 Jahren Zwölffingerdarmgeschwür. Da alle Kuren, Diät usw. ohne Ergebnis geblieben sind, Spitaleinweisung zur Entfernung von ⅔ des Magens (Billroth-II-Op.). Auf Vorschlag des Verfassers, noch eine *Mayr*-Kur zu versuchen, bat Patientin den Chirurgen um Entlassung aus dem Spital und Verschiebung ihrer Operation um 9 Wochen. Der Professor antwortete: „Sie können noch versuchen, was Sie wollen, aber um die Operation kommen Sie nicht herum!" Nach 8wöchiger *Mayr*-Kur ergaben die Röntgenbilder bereits Ausheilung der Geschwüre. Patientin ist jetzt seit über 3 Jahren frei von Geschwür-Rückfällen.

Fall 9: *Professor,* 59, Sämannhaltung, Erschlaffungsstadium der Haut, beträchtlicher Herzmuskelschaden, Leberschwellung, Ödeme, Blutdruck 240/100, Ohrensausen, Kopfdruck, 4wöchige Spitalbehandlung ergab vorübergehende Besserung. 9 Wochen nach Entlassung waren trotz fortgesetzter Behandlung die Beschwerden wieder aufgetreten. An Stelle der empfohlenen neuerlichen Spitaleinweisung führte Patient *Mayr* -Kur durch, die den Blutdruck auf 155/85 senkte und Herzerweiterung, Leberschwellung und Ödeme zur Rückbildung brachte. Patient fühlt sich leistungsfähiger und jünger als vor Jahren, führt alljährlich eine Schonkur durch.

Fall 10: *Generaldirektor,* 60, Großtrommelträger, Erschlaffungsstadium, Lippen bläulich, Herzverfettung, Leberschwellung, Kurzatmigkeit, Nervosität. Seit 5 Jahren in vorwiegender Injektionsbehandlung bei Herzspezialisten. Abmagerungskuren mit „appetitzügelnden" Medikamenten und Versuche von „Hungerkuren" jedesmal wegen gesteigerter Nervosität abgebrochen. Führt *Mayr* -Kur mit Gattin und Tochter gemeinsam durch. Verspürt hierbei keinen Hunger, Nervosität verringert sich bald (Entfernung der nervenreizenden Darmgifte!), Herzbeschwerden und Atemnot mindern sich von Tag zu Tag. Nach 6wöchiger Kur 12 kg Gewichtsverlust, Lippen hellrot, alle Befunde überzeugend gebessert. Patient fühlt sich wie „in den besten Lebensjahren".

Fall 11: *Klosterschwester*, 28, lässige Haltung, Schwundstadium 2. Grades, graue Gesichtsfarbe, Stuhlverstopfung seit Pubertät, nimmt täglich bis 10 (!) starke Abführmittel, dennoch nur 1- bis 2mal wöchentlich Stuhlgang. Einläufe oft erfolglos, schwerste Bauchkrämpfe, verträgt fast kein Essen, täglich wiederholtes Erbrechen. Auch nach 6wöchiger Spitalbehandlung keine wesentliche Besserung. Patientin erhält daher, da sie von auswärts kommt, Urlaub zur Durchführung einer *Mayr*-Kur. Nach 3wöchiger strenger Kur zum ersten Mal tägliche Stühle (noch mißfarbig und übelriechend), verträgt Diät, nach 7wöchiger Kur Bauch weich, schmerzfrei, rosa Gesichtsfarbe, nur mehr Schwundstadium 1. Grades, Stuhl geregelt. Schon während der Kur 3 kg, nachher noch 4 kg Gewichtszunahme. Gleichzeitig bestehende Blutarmut deutlich rückgebildet, bei Nachbehandlung völlig geschwunden. Patientin wieder voll leistungsfähig.

Fall 12: *Hausfrau,* 38, Entenhaltung, kann sich seit ½ Jahr nur mehr mühsam mit 2 Stökken fortbewegen. Rücken „ganz steif", starke Schmerzen in Kreuzgegend, ausstrahlend in beide Beine. Zahlreiche Injektionskuren, mehrere Serien von Infiltrationen durch Spezialisten, Bäderkur, Massagen usw. ohne Erfolg. Patientin völlig verzweifelt. Hier wurde die *Mayr*-Kur kombiniert mit spezifischen Massagen des bestehenden schweren Weichteil-Rheumatismus*. (Massagen haben viel mehr Erfolg, wenn durch gleichzeitige Darmreinigung die ausmassierten Säureablagerungen durch den ableitenden „Sog" nach außen mit Stuhl und Harn ausgeschieden werden. Ohne diesen Sog verbleibt ein wesentlicher Teil der aufgerührten Gifte im Körper und lagert sich allmählich wieder ab.)

Nach 8wöchiger Kur ist Patientin fast voll beweglich, agil und frisch, Beschwerden nur bei Witterungswechsel. Das Kontroll-Röntgenbild zeigt statische Normalisierung der Wirbelsäule. Lediglich die Lendenwirbelsäule weist noch Fehlstellungen auf, was noch Unsicherheit und Schwäche im rechten Bein verursacht. Nach einigen chirotherapeutischen Behandlungen ist absolute Bewegungsfreiheit wiederhergestellt. Stock wurde nie mehr benötigt.

Fall 13: *Architekt,* 58, Sämannhaltung, fühlt sich nicht krank und nicht gesund. Leistungsschwäche, Konzentrationsschwierigkeit, „Ermüdungsanfälle", lebensüberdrüssig, ohne hierfür Gründe angeben zu können. Stuhl regelmäßig. Charakteristischer Fall starker „Selbstvergiftung vom Darm". Bisherige medikamentöse Therapien ohne jeden Erfolg. Während der Kur wiederholte Krisen mit Depressionszuständen bis zur Verzweiflung, unterbrochen von Tagen erfüllt mit Lebensmut, Fröhlichkeit und enorm gesteigerter Arbeitskraft. An Krisentagen elend, wie verfallen aussehend, graue Gesichtsfarbe. Ausscheidung übelriechender, zersetzter, mißfarbiger Kotmassen. Nach 5 Wochen Kur noch blaß aber schon überaus leistungsfähig, 2 Monate nach Kurende gesund, straff, kraftvoll, depressionsfrei**.

Fall 14: *Verkäuferin,* 41, seit 2 Jahren Furunkulose. Ein Furunkel folgt dem nächsten, mal im Nacken, in der Achselhöhle, auf der Brust, am Bauch und besonders um After und äußeres Genitale. Patientin lebensüberdrüssig. 3wöchiger Spitalaufenthalt, keine Ursache aufdeckbar; trotz dortiger Diätbehandlung, Vitamin-Injektionen, Penicillin, Streptomycin, Eigenblut und Terramycin treten noch neue große Furunkel auf. Nach 9wöchiger *Mayr*-Kur (ohne jede andere Therapie) endgültig geheilt.

Fall 15: *Schülerin,* 12, unterentwickelt, seit 2 Jahren ständig zunehmende Blutarmut. Trotz zweifachen Spitalaufenthaltes und anschließender Behandlung durch Ärztin des Gebirgsortes, in dem Patientin lebt, fällt die Zahl der roten Blutkörperchen auf 2560000 und der Hämoglobinwert auf 50 %. Die Untersuchung nach der Diagnostik Dr. *Mayrs* ergibt schweren Dünndarmschaden. (Die mit der Nahrung genossenen blutbildenden Bestandteile können dadurch vom Körper nicht richtig verwertet werden.) Die gleichzeitig bestehende Stuhlverstopfung wurde nicht beachtet beziehungsweise gelegentlich mit Abführtabletten „behandelt". Nach 4 Wochen *Mayr*-Kur und 6wöchiger Übergangskost

---

* *Guggi, F.:* „Der Weichteil- oder chemische Rheumatismus". Verlag Maudrich, Wien – Bonn, 1957.

** In vielen Fällen, vor allem wenn Leiden schon sehr lange bestehen, ist ausreichend lange Kur oder nach entsprechender Pause Wiederholungskur erforderlich. Kurerfolge stellen sich oft erst Monate nach Kurende ein. Bei verschleppten Leiden ist Geduld und Ausdauer notwendig.

bereits 3480000 rote Blutkörperchen und Hb-Wert 62%, nach weiteren 3 Monaten mit 4100000 und Hb 72 % in bester Entwicklung zu endgültiger Normalisierung.

Fall 16: *Hausfrau,* 40, kinderlos, wünscht sich seit Jahren ein Kind. Linker Eierstock wegen Cyste operativ entfernt, rechts starke Verwachsungen. Nach gynäkologischen Behandlungsversuchen wird Kinderwunsch als aussichtslos angesehen. Die bestehende Dünndarmentzündung und Verstopfung fand keine Beachtung, obwohl sich ja über den Dünndarm die Ernährung der Geschlechtsorgane vollzieht. 2 Monate nach *Mayr*-Kur, die die Patientin gemeinsam mit ihrem Gatten durchführt, bleibt die Menstruation aus, nach 9 Monaten Entbindung von einem gesunden Mädchen*.

Fall 17: *Bankdirektor,* 56, leidet an Divertikulitis. Im Röntgen zeigen sich dicht nebeneinander fast unzählige säckchenförmige Darmausstülpungen (Divertikel). Da sich diese fortlaufend entzünden und zu ärgsten Schmerzen und Stuhlverhaltung führen, wird dringend operative Entfernung eines Teils des Dickdarms empfohlen. Stattdessen führt er eine 4wöchige stationäre *Mayr*-Kur durch und wiederholt diese gerne alljährlich. Seit der ersten Kur ist er völlig beschwerdefrei, die Operation hat sich erübrigt.

Psyche und Verdauung

Die Zusammenhänge von Psyche und Verdauung sind eng. Schon der Wiener Nobelpreisträger *Wagner von Jauregg* erklärte, daß gründliche Darmreinigung oft ausreiche, um manchen Menschen den Weg ins Irrenhaus zu ersparen. Tatsächlich geht die Selbstvergiftung vom Darm oft mit Gemütsverstimmungen, Depressionen, Angstzuständen oder mit Gereiztheit, aufbrausendem Wesen und Streitsucht einher. Die Sucht, ständig „herumzugiften", weist ja auf Selbstvergiftung hin.

Abgesehen von schweren psychischen Leiden, ausgeprägten endogenen Depressionen usw., bei denen nervenärztliche Behandlung und nicht die *Mayr*-Kur angezeigt ist, tritt im Verlauf der Darmreinigung oft schon bald ein psychisches Aufhellungs- und Befreiungsempfinden ein. Besonders bei Kuren im Kurhaus, wo man durch vermehrte Ruhe rascher zu sich selber findet, zeigt sich häufig die bekannte *Fasteneuphorie:* ein Gefühl von innerer Leichtigkeit, Beschwingtheit und fröhlicher Zuversicht. Man fühlt sich „wie neugeboren".

Wie sich der Darm auf die Psyche auswirkt, so beeinflußt aber auch die Psyche den Zustand der Verdauungsorgane. Schon die Sprache zeigt uns, daß wir nicht nur Nahrung, sondern auch psychische Bela-

---

* Solche Fälle sind keine Seltenheit. Durch Gesundung des Genitales besteht bei geschlechtlich unterentwickelten oder geschädigten Frauen nach der Kur verbesserte Empfangsbereitschaft. Diese Behandlungswirkung soll durch die Reibesitzbäder nach *Kuhne* unterstützt werden; siehe Ergänzungsschrift „Blut- und Säftereinigung".

stungen *„hinunter zu schlucken“* haben: Ärger, Kränkungen, Kummer und andere *„schwer verdauliche Brocken“*, an denen wir oft lange zu *„kauen“* oder zu *„würgen“* haben, oder die wir *„in uns hineinfressen“*. Sie schlagen sich leicht *„auf den Magen“*, *„laufen über die Leber“*, *„gehen auf die Galle“* oder machen uns *„ganz sauer“*. Der Darm kann sich als Folge seelischer Probleme, Aufregungen, Befürchtungen verkrampfen, so daß er *„wie zugenagelt“* ist, oder es treten *„Bauchweh“*, Koliken, Erbrechen oder Durchfälle usw. auf. Schwere Belastungen können auch zu völlig unkontrolliertem, ungehemmtem „Fressen und Saufen“ führen oder zu Hungern zwingen, weil jeder Bissen *„in der Kehle stecken bleibt“*.

Die Verdauungsorgane stellen somit *„psychische Erfolgsorgane“* dar, also Organe, in denen sich ungelöste seelische Probleme niederschlagen und in Form von Störungen bis Leiden manifestieren. Zu diesen *psychosomatischen Erkrankungen* gehören viele (nicht alle!) Fälle von Magenentzündungen, Magen-Zwölffingerdarm-Geschwüren, verschiedene Leber-, Gallen- und Darmstörungen, Reizkolon usw. Sogar bei schwersten Leiden wie Krebs, nimmt man heute unbewältigten seelischen Kummer als häufige maßgebliche Mitursache an.

Die Darmreinigung erfaßt den ganzen Menschen. Daher ist es wichtig, bei dieser Gelegenheit auch seelische Konfliktstoffe weitmöglichst abzubauen. Das klärende und oft zu neuen Einstellungen führende Gespräch mit dem Arzt kann dabei wesentlich helfen. Der Verfasser empfiehlt außerdem das Studium der Schrift „Autosuggestion und Heilung“*, weil es den psychisch Sensiblen Hilfsmöglichkeiten angibt und Fehler aufzeigt, die von den allermeisten unbewußt gemacht werden. Bekanntlich kann man andere Menschen schwer ändern, wohl aber die eigenen Fehler vermeiden und damit viele psychische Probleme besser lösen. Der Lebenslehrer Bô Yin Râ sagt:

*„Das Schicksal will etwas von Dir, wenn es Dich durch Leid und Leiden führt!“***

Es ist eine Aufforderung, auch an den psychosomatisch Leidenden, sich eine höhere und reifere innere Neuorientierung zu erarbeiten. Es ist keine Zeit dafür so geeignet wie die Zeit der Kur. Die Reinigung und Neuordnung des Körperlichen geht hier Hand in Hand mit dem Seeli-

---

* *Rauch E.:* Autosuggestion und Heilung. Karl F. Haug Verlag, Heidelberg.

** *Bô Yin Râ:* Buch vom Trost. Bern. Kober.

schen, wobei das eine das andere unterstützt. Hier gilt, was schon die alten Römer sagten:

carpe diem – nütze den Tag!

Unsere lieben Mitmenschen

Bekanntlich gibt es vernünftige und unvernünftige Mitmenschen. Die letzteren sind wahrscheinlich in der Überzahl. Wer das noch nicht wissen sollte, erfährt es, sobald er seinen verschiedenen Bekannten von der begonnenen Entschlackungskur erzählt.

Der angebliche *Besserwisser,* von Sachkenntnis unbeschwert, fühlt sich dann gleich verpflichtet, seine warnende Stimme zu erheben. Da er selbst ißt, seitdem er lebt, und weil er auch schon Hunger verspürt hat, hält er sich für einen Spezialisten, berechtigt bei einer „Hungerkur" mitzureden*. Seine Ratschläge sind daher die besten, auf jeden Fall besser als die Anordnungen des Arztes.

Der *Überbesorgte* sieht schwarz: „Das hältst du bestimmt nicht aus!" – „Du wirst ganz vom Fleisch fallen, Nervenanfälle bekommen ...!" usw.

Der *Bösartige* malt den Teufel an die Wand: „Solche Hungerei kann nur mit Schwindsucht oder Krebs enden!" – „Das ist der gerade Weg zum Friedhof – bei *dem* Vitaminmangel wird die Darmschleimhaut bestimmt geschwürig ...!" usw.

Das Gegenstück stellt die *„liebe Nachbarin"* dar, die dem Kurbeflissenen bei jeder Gelegenheit ein „besonders gutes Essen" aufdrängt: „Das kann bestimmt nicht schaden" flüstert sie mit süßester Stimme und freut sich bis in den letzten Winkel ihrer Seele, wenn ihre Versuchung erfolgreich war. Es wäre aber ungerecht, ihr nur Schadenfreude nachzusagen, denn auch der mütterliche Fütterungstrieb und ein durchaus nicht vom Verstande kontrolliertes „Mitleid" spielen eine Rolle.

Am übelwollendsten sind aber jene stets gefräßigen „Dicken", die vom Neid über das Schlankwerden der anderen übermannt, abfällige und wenig verhüllte böse Worte über „diese schädliche Kur" von sich geben.

---

* Die Bezeichnung „Hungerkur" für die *Mayr*-Kur ist in mehrfacher Hinsicht vollkommen falsch, insbesondere da man bei richtiger Durchführung gar keinen Hunger haben kann.

Wer die Geschichte kennt, weiß, daß die Reaktion der Zeitgenossen auf Neuerungen, besonders wenn diese an liebgewordenen Gewohnheiten rütteln, stets heftig ablehnend war. Es kann daher nicht wundernehmen, daß jede Form von Fastenkur die Gemüter erregt, weil sie die Diktatur des lieben „Fraßes" und der Genußsucht bricht und den Vielfraßen die Illusion zerstört, wirkliche Gesundung ohne Eßdisziplin auf mühelosem Wege erreichen zu können.

Obwohl die Statistiken der Lebensversicherungsanstalten längst eindringlich das Gegenteil bewiesen haben, besteht heute immer noch vielfach die irrige Meinung, daß *„rundes Aussehen"* soviel wie *„gesundes Aussehen"* bedeute. Es muß daher Besorgnis, ja Ärgernis erregen, wenn der Gesundende Fettpolster, Doppelkinn und Kugelbauch verliert und durch sein „schlechtes Aussehen" dem vom allzu eßfreudigen Volk vertretenen rundlichen, herkömmlichen „Gesundheitsideal" die Gefolgschaft aufsagt.

Da weder die Unvernünftigen noch die Taktlosen aussterben, empfiehlt es sich, nur dann von der Kur zu erzählen, wenn man Verständnis voraussetzen kann.

Zum Glück gibt es auch *vernünftige Mitmenschen.* Sie wissen ihre Angehörigen oder Freunde unter ärztlicher Kontrolle, reden als Laien nicht drein und unterstützen sie bei der Einhaltung der Kurvorschriften.

Die *sehr Vernünftigen* machen die Kur mit. Es verdoppelt den Erfolg, wenn eine ganze Familie geschlossen Dr. *Mayrs* Weg geht. Das Erlebnis kettet die Gemeinschaft zusammen; der Haushalt wird vereinfacht und wirtschaftlich spürbar entlastet. Letzteres gilt auch für die Zukunft, weil der durch die Diätkur gesundete Mensch von sich aus bescheidener und weniger zu essen pflegt.

Was solche Rationalisierung der Ernährung im Sinne Dr. *Mayrs* für ein ganzes Volk ausmachen würde, ist heute noch nicht abzusehen. Da sich die Menschen dann nicht mehr krank essen würden, könnte die Verbesserung des Gesundheitszustandes Steigerung der allgemeinen Leistungs- und Arbeitsfähigkeit mit sich bringen. Milliarden würden erspart werden, die heute für ein Übermaß an Nahrungs- und Genußmitteln verausgabt werden, die gigantischen Ausgaben für Medikamente und sonstige Heilungskosten, Krankenfürsorge und andere Sozialleistungen würden sich vermindern und ungezählte Millionen Arbeitsstunden, die durch ernährungsbedingte Krankheiten verloren gehen, könnten der Gütererzeugung zugute kommen. Dr. *Mayr* hat in seinen Werken diese Auswirkungen eingehend behandelt und ungeahnte Perspektiven eröffnet.

Die neuen Erkenntnisse erbringen ihren schönsten Segen, wenn Ehepartner, die sich Kinder wünschen, noch vor deren Zeugung ihren Körper innerlich reinigen. Die Fortpflanzungsorgane können sich regenerieren, schädliche Substanzen sich abstoßen, bevor sie noch der Frucht weitergegeben werden. Der mütterliche Leib als zukünftige Heimstätte wird noch vor Einzug eines neuen Wesens gesäubert und aufnahmebereit gemacht und das mütterliche Blut, durch 9 Monate einziger Lebensquell der Frucht, gereinigt. So bewirkt es günstigere vorgeburtliche Entwicklung, gesünderes Gedeihen im Leibe und verbesserte Milchproduktion zur Stillzeit.

Die körperliche Reinigung der wissenden jungen Frau müßte ihr zum inneren Gebot werden. Auch Kuren während der Schwangerschaft sind für Mütter und Kinder sehr zu empfehlen. Natürlich auch hier nur unter kurerfahrener ärztlicher Leitung.

Vitamine, Mineralien und andere Vitalstoffe

Während der kargen und ernährungsmäßig vielfach unterversorgten Zeit des letzten Krieges verschwanden bei Millionen Menschen verschiedenste oft langjährige Gebrechen; die Erkrankungszahlen vieler Leiden gingen rapide zurück. Nach Statistiken der Gesundheitsämter hörte diese „gesunde Zeit" bald nach Wiederkehr normaler Verhältnisse auf, und die durch üppige, fette, fleisch- und zuckerreiche Ernährung bedingten Degenerations- und Wohlstandsleiden traten massiver denn je in Erscheinung.

Es gibt wieder Vitamine in Hülle und Fülle. Solange aber Vielesserei und üppige Kost auf der Tagesordnung bleiben, werden auch sämtliche vitaminhaltige Lebensmittel die Verschlechterung des allgemeinen Gesundheitszustandes nicht aufhalten. Aber auch die als gesundes Kontrastprogramm empfohlene Vollwertkost wird vielfach unkritisch und übertrieben angewendet. Wenn man nämlich die bisherige Fleischvöllerei durch eine „Vitamin- und Körnervöllerei" ablöst, wenn man also *zuviel* Rohkost verzehrt, etwa schüsselweise Salate und Berge von Obst und Körnern, schlittert man nach und nach vom „Regen in die Traufe". Denn jedes *zuviel* an Rohkost zersetzt sich im Darm wie in einem Maischebottich. Dies geschieht besonders intensiv beim Verdauungskranken. Es bilden sich die alkoholischen Gärungsprodukte Methanol, Propanol und Butanol, also Fuselalkohole, die sich auf Leber, Blut, Lymphe und verschiedene Zellen giftig auswirken. Wissenschaftler haben die hepatotoxische, hämato-, lympho- und zelltoxische Wirkung dieser Darmgifte eindeutig nachgewiesen.* Als Folge treten zumeist vermehrt Blähungen, Aufgetriebenheit des Leibes und Reizzustände des Darmes auf, weiter schlecht geformte, breiig weiche, oft säuerlich riechende Stühle, Leberschwellung und Gefäßschäden in Form von Kapillarerweiterungen auf. Letztere zeigen sich nicht selten auch in Form von blauroten Verfärbungen der Nase, der Wangen und Ohren, wie sie bei starken Alkoholikern zu beobachten sind.

Die Lehren, man könne gar nicht genug Rohkost essen, sind daher genauso falsch wie etwa die Auffassung, man könne sich gar nicht genug der prallen Sonne aussetzen. Über das Naturgebot des bescheidenen, gesunden Maßes hinausgehend, ist in der Vitaminfrage das Inordnungbringen des Darmes das Grundlegende.

Fall 18: *Langjährige Rohköstlerin,* 45, kam wegen ständig blutenden Zahnfleisches in Behandlung. Diagnose: Ausgesprochener Vitamin-C-Mangel, hochgradig erschlaffter Dünndarm (!). Patientin erhielt lediglich Milch, Semmeln und Tee, dazu etwas Zitronensaft, also einen Bruchteil der bisher zugeführten Vitamin-C-Menge. Nach 3 Wochen Schonkur kein spontanes Bluten des Zahnfleisches mehr, nach 4 Wochen nicht einmal mehr beim Zähneputzen. Nach 6 Wochen Kurverlauf geheilt.

Solche Fälle lehren uns, das Vitaminproblem von seiner ausschlaggebenden Seite her zu betrachten. Der bekannte Lebensreformer *Werner Zimmermann,* ein bis dahin großer Verfechter der Rohkosternährung, schreibt zu obigem Kapitel:**

„Als wir, meine Frau, einige Freunde und ich, uns im Januar 1960 auf *Mayr*-Kur umstellten, machten wir ähnliche Erfahrungen. Drei junge Frauen haben 10 Jahre lang streng teils nach *Bircher* und *Kollath* und teils nach *Waerland* gelebt, sehr treu und begeistert, weil sie bestimmte hartnäckige Leiden überwinden wollten. Zwei litten an hartnäckigem Handekzem, die Dritte an blutendem Zahnfleisch. Schon nach wenigen Tagen *Mayr*-Kur trat Besserung ein. Nervöse Kinder haben ihre Blähungen verloren, schlafen ruhiger und erwachen zufrieden. Solche Erfahrungen machen es mir zur Pflicht, mich offen für die neuen Erkenntnisse einzusetzen. Wahrheit will jeden Tag neu erlebt sein."

---

* *Rohllfs, Rodrian, Pirlet:* Intestinale Autointoxikation und Cancerogenese. Mü. med. Wschr. 118/1976, Nr. 41, S. 1327.

** *Zimmermann, Werner:* Schon morgen gesunder! Heilende Kost. München 1969. Drei-Eichen-Verlag Hermann Kissener.

Außerhalb der Kur wird bei funktionierendem Darm die Vitamin-Versorgung durch eine ausgewogene Ernährung mit vernünftigen Anteilen *lebendiger* Kost, insbesondere aus *biologischem Anbau* ausreichend gedeckt. Schlecht steht es heute jedoch mit der

Versorgung an Mineralstoffen und Spurenelementen

Der durch Umweltvergiftung sauer gewordene Regen, der oft schon die Säurewerte von Essigsäure erreicht, entmineralisiert unsere wertvollste Nahrung, die Pflanzenkost, zunehmend mehr. *Säure vertreibt Mineralien.* Dazu kommt eine immer hektischer werdende Lebensweise, die zu einem vermehrten Verbrauch von Mineralien, insbesondere von Kalium, Magnesium und Kalzium führt. Daher wird in der modernen Antistreßtherapie vor allem Magnesium und Kalium zugeführt. Auch Alkohol, Bohnenkaffee und zahlreiche Medikamente wie Abführ-, Entwässerungs-, Antirheuma- und Hochdruckmittel können durch vermehrte Ausschwemmung Mineralstoffdefizite verursachen. Besonders ungünstig wirken noch die „Mineralräuber" Zucker und Süßwaren, sowie jedes *zuviel* an Früchten, Fruchtsäften, Kompotten und zu schweren Vollkornspeisen (6-Korn-Gerichte usw.), wenn sie den Darm reizen und zu Gärung mit weichen Breistühlen führen, die Übersäuerung und Vitalstoffverluste hervorrufen. Als Folge können auftreten:
bei *Kaliumdefizit:* Muskelschwäche (Treppensteigen wird immer mühsamer), Herzmuskelschwäche, Herzrhythmusstörungen, Krämpfe der Gesäß- und Wadenmuskulatur usw.;
bei *Magnesiumdefizit:* übersteigerte nervliche Reizbarkeit bei Belastungen, erhöhte Streß-Reagibilität, Krampfzustände im Herzen und im Darmtrakt, im Nacken- und Schulterbereich;
bei *Kalziumdefizit:* nervös-muskuläre Überregbarkeit, Gliederziehen, Kalkverarmung der Knochen, Haarausfall, Nägelbrechen, Zahnschäden usw.

Da die angeführten Mineralstoffe im Körper bestimmte Verbindungen eingehen, die basisch wirken (basisch ist das Gegenteil von sauer), fördert ihr Mangel auch eine schwerwiegende Stoffwechselbelastung:

Die Übersäuerung

Durch Basenmangel und durch Einlagerung von Säuren in verschiedene Gewebe werden zunächst jene Drüsen geschwächt, die basische Sekrete produzieren. Solche „Basendrüsen" sind die Speicheldrüsen, die Leber, die Bauchspeicheldrüse, die Dünndarmdrüsen und die Prostata.

Als weitere Folgen der Übersäuerung treten auf:

- Entmineralisierung mit Zahn- und Zahnfleischleiden (Karies, Parodontose), Knochenentkalkung.
- Elastizitätsverlust des Bindegewebes, Senkungsprozesse (Magen-Darm, Unterleib, Leistenbrüche), Bandscheibenschäden, Faltenbildung der Haut.
- Harnsäureablagerungen in Gelenken, rheumatische Prozesse, Gicht.
- Vorzeitige Alterungsprozesse usw.

Nach dem Säure-Basen-Forscher Dr. *B. Kern** stellen sogar Schlaganfälle und Herzinfarkte **Säurekatastrophen** dar, die nur dann auftreten können, wenn schon vor ihrem Ausbruch die befallenen Gewebebezirke übersäuert waren. Tatsächlich gibt es im menschlichen Organismus **kaum ein Organ oder Funktionselement das nicht durch Übersäuerung gestört oder geschädigt werden kann, und das nicht durch Entsäuern wieder gebessert würde.** Die *Mayr*-Kur wirkt überzeugend und nachweisbar entsäuernd und damit grundlegend heilsam. Nach der Erfahrung des Verfassers ist es heute aber zusätzlich notwendig geworden, die Kur mit einer ergänzenden Entsäuerungshilfe zu kombinieren, wozu der *Mayr*-Arzt ein mineralreiches „Basenpulver" verordnet. Außerdem ist es in höchstem Maß günstig, die Ernährungsweise nach der Kur durch eine sinnvolle Kombination der säure- und basenspendenden Kost neu zu gestalten und allenfalls Abhilfemaßnahmen gegen Übersäuerung zu treffen.**

Von der Medikamentensucht

Die rechte Arznei, richtig angewendet, unterstützt wirkungsvoll die Gesundung des Menschen, vorausgesetzt, daß er gleichzeitig seine schädlichen Gewohnheiten aufgibt.

Indessen lassen sehr viele alles schön beim alten und erwarten ohne eigenes Hinzutun vom Medikament allein die Heilung. Sie müssen da-

---

* *Kern, B.:* Verhütung von Schlaganfällen durch Entsäuerung. HP-Heilkunde 2/1983. Leonberg.

** In der neuesten Veröffentlichung des Verfassers ist die Neuorientierung der Ernährungsweise aus der Sicht des Säure-Basen-Haushaltes und die Möglichkeit aller Abhilfemaßnahmen gegen Übersäuerung nach der *Mayr*-Kur detailliert beschrieben: *Rauch, E.:* Die F. X. Mayr-Kur und danach gesünder leben. Karl F. Haug Verlag, Heidelberg.

her, auf die Dauer gesehen, sehr oft enttäuscht werden. Die Krankheitssymptome werden zwar, solange man die Mittel nimmt, unterdrückt oder betäubt, das Leiden jedoch bleibt, wenn es sich nicht noch verschlimmert. Auf diese Weise werden zahlreiche Menschen von Chemikalien abhängig und glauben, ohne diese nicht mehr leben zu können. Sie gewöhnen sich daran und müssen die Dosis erhöhen. Der Dauerverzehr vieler Mittel kehrt aber den Nutzen der Arznei um zum Fluch der Medikamentensucht. Chronische Vergiftungen, die sich in Form organischer Schäden (Verdauungs- und Blutleiden, Allergien und anderen) oder als funktionelle Störungen des Nervensystems äußern, sind häufige Folgen. Allein in Österreich wurden zum Beispiel im Jahre 1954 verbraucht:

80 Millionen schmerzstillende Tabletten, 30 Millionen Aspirintabletten, 40 Millionen Schlaftabletten, 50 Millionen Abführtabletten usw., usw. In Westdeutschland stehen 35000 verschiedene (!) Arzneipräparate in Massenverwendung*. In England werden jährlich 1,75 Millionen Beruhigungstabletten eingenommen**.

Diese Zahlen dürften genügen, um das erschreckende Ausmaß einer nicht mehr sinngemäßen Krankheitsbehandlung zu illustrieren, die zwar dem Verlangen des Durchschnittspublikums, keiner Annehmlichkeit vorübergehend entsagen zu müssen, entspricht, jedoch dem *tatsächlichen Bedürfnis des kranken Organismus völlig zuwiderläuft.*

Der Medikamentenmißbrauch mit seinen heute bereits sehr ernsten volksgesundheitlichen und wirtschaftlichen Auswirkungen wird von den Krankenkassen vielfach durch Erschwerung der Verschreibung zahlreicher Medikamente zu drosseln gesucht. Das ist aber nichts anderes als ein „Weinen am falschen Grab‘!

Nur Aufklärung und Erziehung schon von der Schulbank an zu einer gesunden Ernährungs- und Lebensordnung sowie Förderung naturgemäßer Heilverfahren, welche die übliche Verschreibung von Arzneien, oft schon bei geringfügigen Anlässen, vermeiden und unnötig machen, stellen die Voraussetzung zur Behebung des Medikamentenmißbrauchs und zur Hebung der Volksgesundheit dar. So wäre es unmöglich, daß Krankenkassen wegen der Medikamentenkosten bei Grippewellen in Millionendefizite geraten können. Die allermeisten Grippe-

---

* Näheres in „Medikamentensucht“, Schrift d. Öst. Arb.-Gem. f. Volksgesundh.

** Österr. Ärzteztg. 18/IX. 1958. Diese Zahlen sind seither von Jahr zu Jahr rapide weiter angestiegen [1970]. Und bis heute (1994) geht der Anstieg unentwegt weiter. Es werden alljährlich unaufhaltsam immer mehr chemische Präparate eingenommen.

anfälle sind auch mit sinngemäßer Wasser- und Darmreinigungsbehandlung („Klyso") ohne oder fast ohne Medikamente zu kurieren*. Enorm wird hingegen der Medikamentenverbrauch, wenn bei „Erkältungskrankheiten" nur Medikamente genommen werden und dann später weitere Medikamente, die die Aufgabe haben, den Schaden, den die ersten Medikamente verursacht haben (zum Beispiel Magen-Darm-Störungen, Gastritis, Dysbakterie, Leberschaden, Allergie) wieder einzurenken usw. – Die Gesundheitsmedizin Dr. *Mayrs* geht hier einen grundlegend anderen Weg**.

Kurabschluß und -wiederholung

Die schwierigste Zeit der ganzen Kur ist meist ihr allmählich erfolgendes Ausklingenlassen. Gerade jetzt darf man nicht leichtsinnig werden, sondern muß gründlichst alle Vorschriften einhalten und *noch gründlicher als bisher einspeicheln und kauen.* Die kleinsten Diät- und Eßfehler machen sich jetzt heftig bemerkbar. Die frisch erneuerten Schleimhäute sind noch zart und reagieren auf derzeit Unbekömmliches, zum Beispiel die „kratzende" Zellulosekost, mit intensivem Wundgefühl. Besonders schwere, hartnäckige Fälle kommen auch oft erst jetzt in die Krisenphase. Natürlich müssen diese Patienten – anstatt in Resignation und Enttäuschung zu fallen – die Ursachen erfassen und gerade jetzt besonders gewissenhaft mitarbeiten, um zu einem um so besseren Ergebnis zu kommen. In der Übergangszeit wird der Arzt fragen, welche Bedürfnisse jeder einzelne hat, und wird danach im Rahmen des Möglichen mittels seiner Diagnostik die Kosterweiterung lenken. Ziel ist jene Ernährungsweise, die der Verdauungskraft des einzelnen künftig am zuträglichsten ist.

Auch der Zubereitungsart kommt jetzt besondere Bedeutung zu. Die im Buch *„Milde Ableitungsdiät"* beschriebenen Nahrungsmittel und deren Zubereitung sind eigens für eine möglichst nahtlose Ausleitung aus

---

* Siehe Ergänzungsschrift Rauch: Naturheilbehandlung der Erkältungs- und Infektionskrankheiten. Karl F. Haug Verlag, Heidelberg.

** Man sollte annehmen, daß die Krankenkassen ihre Patienten unterstützen, wenn sich diese naturgemäßer Heilverfahren wie der Mayr-Kur unterziehen. Schon aus Ersparnisgründen sollte es im größeren Interesse der Kassen liegen, wenn ein beachtlicher Teil aller Behandelten dadurch grundlegend gesünder und weitgehend oder gänzlich befreit wird von der Notwendigkeit der Einnahme vieler und teurer Medikamente. Leider werden diese Zusammenhänge, von wenigen Ausnahmen abgesehen, noch völlig übersehen.

strengen Diätformen entwickelt worden und eignen sich besonders für den Magen-Darmempfindlichen. Man vergesse aber nicht, daß jetzt nicht mehr die gierige Einnahme größerer Speisemengen den erwünschten Genuß bereiten soll, sondern das Auskosten und Ausschmecken jedes Bissens. Die Qualität soll die Quantität ablösen. Daher kommen jetzt auch viel mehr als bisher die Instinkte, das Verlangen nach bestimmten einfachen, natürlichen Lebensmitteln zum Vorschein, die man entsprechend beachten muß. Früher beliebte Gerichte werden vielfach abgelehnt; wie fette Braten, Speck, Back- und Zuckerwerk, Süßspeisen, kompliziert und raffiniert zusammengestellte Gerichte. Auch Schokolade, Alkohol, Likör, Bohnenkaffee büßen um so mehr ihre ungesunde große Anziehungskraft ein, je gesünder der Organismus wurde. Der richtige Kurabschluß bestimmt erst den Kurerfolg und gibt die Voraussetzung für eine künftig wesentlich *gesündere Ernährungsweise.* Der *Mayr*-Arzt gibt dafür die individuellen Richtlinien.

Die Kurwiederholung

So erfolgreich sich die Schonkur bei der Ausheilung selbst schwerster, ja mitunter fast hoffnungsloser Fälle bewährt hat, müßte ihr Hauptanwendungsgebiet dessen ungeachtet in der Wiederholung zum Zwecke der Krankheitsverhütung und Erhaltung der Gesundheit liegen. Vorbeugen hat immer den Vorrang vor Heilen! Der heutige Mensch sollte mit der gleichen Selbstverständlichkeit, mit welcher er seine gewohnte äußerliche Körperreinigung durchführt, *regelmäßig,* und zwar in den meisten Fällen *einmal* im *Jahr,* seinen Körper durch eine Darmschonkur auch innerlich reinigen und ertüchtigen.

Gefahren der Selbstbehandlung

Kein Mensch wird es sich einfallen lassen, sein eitriges Geschwür selbst operativ zu eröffnen, seinen Knochenbruch selbst einzurichten oder sein krankes Herz nach einem ärztlichen Rezeptbuch selbst zu kurieren. Aber viele Laien glauben, die tiefeingreifenden Diät- und Ernährungstherapien auf eigene Faust auszuprobieren zu können, da sie ihnen einfach und harmlos erscheinen. Sie übersehen, daß solche Behandlungsarten aus gutem Grund längst zu einem ärztlichen Spezialgebiet geworden sind, da sie tiefgehender in den Organismus eingreifen und zielsicherer an der Wurzel der Übel anpacken als die meisten anderen Therapien. So erfordern sie auch besondere Erfahrung und Wissen, da alles, was viel nützen kann, falsch angewendet, auch entsprechenden Schaden anzurichten vermag.

Zu groß ist bereits die Zahl derer, die durch Studium verschiedener Schriften, wie zum Beispiel „Waerlandkost hat uns gerettet!" sich in ungeahnt gefährliche Abenteuer eingelassen haben; nach anfänglicher Besserung sind sie oft später in katastrophale Zustände hineingeschlittert.

Die Gefahren einer anderen, falsch durchgeführten Diätkur, sogar von drei nichtspezialisierten *Ärzten* im Selbstversuch unternommen, wurden mit ihrem unglücklichen Ausgang unlängst in einer medizinischen Schrift behandelt*. Gleiches gilt naturgemäß für die *Mayr*-Kur.

Aus diesem Grund sei hier ein Fall einer allein und falsch durchgeführten Kur angeführt:

Herr, 42, versucht auf Grund einer begeisterten Erzählung eines Freundes, selbständig die Darmreinigungskur durchzuführen. Nach 14 Tagen besonderen Wohlbefindens tritt etwas Schwäche und Müdigkeit (Krise!) auf. Gerade dies faßt er aber als Zeichen des nötigen Kurabschlusses auf, geht sodann ins Gasthaus und verzehrt sein bisheriges Leibgericht, nämlich Gurkensalat (!). In der Nacht schwerste Leibkrämpfe, Magenblutung, Einweisung ins Spital. Operative Entfernung von ⅔ des Magens.

Anstelle einer nachhaltigen Gesundheitsverbesserung, zu der die richtig gelenkte Kur geführt hätte, trat in diesem und leider auch schon in anderen Fällen von Eigenbehandlung ein Dauerschaden ein. Daher darf die *Mayr*-Kur nur richtig, d.h. mit hierfür ausgebildetem Arzt, durchgeführt werden. In vielen Fällen eignet sich ein Kurhausaufenthalt hierfür besonders, weil hier die Kur automatisch mit Entspannen, Erholen und Urlaub kombiniert ist.

---

* *Bischoff, K.:* Erfahrungsheilkunde 8 (1958).

III. Teil

Gesündere Ernährungs- und Lebensweise

Über die richtige Ernährung

Was über Fragen der Ernährung allein im letzten Jahrzehnt geschrieben wurde, könnte Bibliotheken füllen. Es vergeht kein Tag, an dem nicht neue Forschungs- und Versuchsergebnisse veröffentlicht werden*.

Aber die Meinungen gehen vielfach völlig auseinander. Würde jemand alle Nahrungsmittel meiden, denen jemals eine gesundheitswidrige Wirkung zugeschrieben wurde, müßte er buchstäblich vor vollen Schüsseln verhungern.

Ähnliches gilt für den Irrgarten der verschiedenen sogenannten Ernährungssysteme, Punktdiäten und -kuren. Objektiv, das heißt gemessen an den Zeichen der Gesundheit nach *Mayr,* erbringen sie sehr selten Dauererfolge, da die Voraussetzung für richtige Ernährung, nämlich ein gesunder, das heißt gereinigter und voll leistungsfähiger Verdauungsapparat dadurch nicht erzielt wird. *Ernährung* wird, wie Dr. *Mayr* betont, nicht nur durch Zufuhr der **Nahrung** vollzogen, sondern Ernährung ist nach der vereinfachten Formel:

Ernährung = **N**ahrung × **V**erdauung

das Produkt aus dem Faktor Nahrung **und** dem Faktor Verdauung. Solange aber der Faktor Verdauung nicht einwandfrei ist, kann der Körper nie vollkommen ernährt werden. Daher schafft erst die Gesundung des Verdauungsapparates die *Voraussetzung für gesündere Ernährung* des Organismus.

Wie sich das in freier Wildbahn lebende Tier ohne Kenntnis von Ernährungssystemen so richtig zu ernähren vermag, daß die Dauer seines Lebens ein Vielfaches seiner Wachstumsperiode erreicht, besitzt auch der Mensch von Natur aus Anlagen, die als *Wähler der Nahrung und Regler der Nahrungsaufnahme* ihn richtig lenken sollen:

---

* Die Zeitschrift „Nutrition, Abstracts and Reviews" referiert im Jahre durchschnittlich 16000 Arbeiten über Ernährungsprobleme.

1. Die Wähler der Nahrung

a) **Der Gesichtssinn** soll zum natürlich Farbfrohen, Gesunden, Reifen und Frischen hinziehen und das Unschöne, Unreife, Welke, Abgelagerte und Verdorbene ablehnen lassen. Wir ziehen daher die rotwangigen und goldgelben Äpfel, die purpurroten Erdbeeren und blauschwarzen Heidelbeeren ihren unreifen, unscheinbaren Geschwistern vor. Die Abschätzung der Nahrung durch den Gesichtssinn erleidet in ihrem Wert heute empfindliche Einbuße, da in unverantwortlicher Weise noch immer eine Unzahl von Lebens- und Nahrungsmitteln chemisch gefärbt und „kosmetisch" behandelt werden (vergleiche chemisch gefärbte Orangen, Zitronen, künstlich gefrischtes Gemüse usw.). Jedenfalls vergesse man nie, daß frische, reife, naturbelassene Lebensmittel immer das Gesündeste sind. So ist Salat, vom Garten unmittelbar auf den Tisch gestellt, gesünder als jener, der den Weg über Groß- und Kleinverteiler zurückgelegt hat.

b) **Der Geruchssinn** soll zu angenehm duftenden Lebensmitteln hinziehen, daß uns das „Wasser im Munde zusammenrinnt", und vor unangenehm Riechendem, weil Schadhaftem und Zersetztem, warnen. Wäre der Geruchssinn beim heutigen Menschen noch ursprünglich feinsinnig, würde er sich zwangsläufig bei der Speisenzubereitung derart „einschalten", daß sich dadurch die meisten Küchenführungen (besonders die sogenannte bürgerliche Küche!) vorteilhaft ändern müßten. Nach der *Mayr*-Kur gilt es daher, den nun *verfeinerten* Geruchssinn gesteigert zu befragen und zu beachten. Wer besser riecht, verdammt alle Gerüche aus der Küche, die fragwürdigen oder schlechten Geruch besitzen: leicht verdorbene oder chemisch präparierte Lebensmittel, zum Beispiel chemisch gedüngter Kohl, grober Blumenkohl, manches Fleisch usw.

c) **Der Tastsinn** der Hände, Lippen, Zähne und Zunge soll weitere Kenntnis, vor allem über die Konsistenz der Speisen vermitteln; der Temperatursinn wieder soll vor zu Heißem und zu Kaltem warnen. Unzählige Fälle von Magen-Darm-Krankheiten sind auf Abstumpfung des Temperatursinnes zurückzuführen (Gastritis, Enteritis durch Eisdrinks).

d) **Der Geschmackssinn** soll die schmeckbaren Beschaffenheiten, süß, sauer, bitter, salzig und deren Abmischungen anzeigen, soll die

Speisen der letzten Prüfung unterziehen und zum Essen oder Ablehnen des Gerichtes raten. Bei gesunden Geschmackssinnen kann es keine chronischen Schnapstrinker und Kettenraucher geben, keine „Gourmands“, die sich am „haut goût“ ungesunder Gerichte, üppig fetter Braten und Tunken, übersüßter Speisen, schädlicher Konserven usw. delektieren, genauso wie kein Gesunder je auf den Gedanken käme, das Leben aus der Perspektive des Essens allein – etwa „wir leben, um zu essen“ –, wie es heute so oft üblich ist, zu beurteilen.

Je kränker die Sinne sind, desto instinktloser, abwegiger erfolgt unsere Kostauswahl; desto verkehrter wird aber auch in vielem die Einstellung zum Leben überhaupt. Schließlich wird eine Unzahl von Menschen doch nur deshalb – körperlich und seelisch – krank, weil ihnen fast nur noch das Schlechte, Ungesunde schmeckt.

Gesunden Sinnen aber braucht man nichts zu gebieten und nichts zu verbieten!

Je feinfühliger die Sinne durch regelmäßige Darmschonkuren werden, desto sicherer unterscheidet der Mensch, was für ihn gut und was für ihn zu meiden ist.

Was für die Sinne gilt, gilt auch für

2. Die Schutzreflexe des Verdauungsapparates als Regler der Nahrungsaufnahme

a) **Der Sättigungsreflex** soll anzeigen, mit welcher Menge an aufgenommener Nahrung der Körper genug bekommen hat. Weder ein Zuviel noch ein Zuwenig, sondern nur die richtige Menge ist der Gesundheit zuträglich. Ein richtig funktionierender Sättigungsreflex allein beeinflußt daher den Ernährungszustand des Menschen bestens. Leider ist gerade dieser Reflex beim Durchschnittsmenschen so abgestumpft beziehungsweise irritiert, daß dieser selten die richtige Menge zu sich nimmt.

b) **Der Schluckreflex** soll das Schlucken von ungenügend in der Mundhöhle zubereiteten Bissen verhindern, wodurch die Nahrung wieder nach vorne gebracht wird, um sorgfältiger gekaut und eingespeichelt zu werden. Nach Eintritt der Sättigung soll er weiteres Schlucken nicht mehr zulassen, weshalb dann zum Beispiel gesunden Kleinkindern die Nahrung aus dem Munde rinnt.

c) **Der Würgreflex** soll dem Zurückwürgen von bereits geschluckten, aber noch ungekauten, zu großen oder sonstwie schädlichen Bissen zum Schutz von Magen und Darm dienen. Ein abgestumpfter Würgereflex reagiert nur noch bei drohenden groben Schädigungen, wie Fisch mit Gräten, Knochensplittern, allzu scharfen und zu heißen Speisen, Säuren, Laugen bei Verwechslung usw., oder wenn ein Bissen in die „falsche Kehle“ einzudringen droht.

Wären Schluck- und Würgereflexe beim Zivilisationsmenschen nicht erheblich abgestumpft, hätten sich niemals unsere *„Mahl“*zeiten, in denen die Bissen von den Zähnen gründlich *zermahlen* werden sollten, allgemein zu regelrechten *„Schling“*zeiten umwandeln können!

d) **Der Brechreflex** soll ebenfalls den Körper schützen, indem er schädliche Gerichte zum Mund hinausbefördert. Die Entwicklung vom Säugling, der noch erbrechen kann, über den Firmling, dem nur mehr totübel wird, bis zum älteren Jubilar, der anscheinend spurlos den üppigen (und schädlichen) Festschmaus übersteht, zeigt die übliche Abstumpfung dieses Schutzreflexes. Diese Entwicklung stellt keinen Gewinn dar, denn wo Einzelschäden nicht sofort abreagiert werden können, müssen sie sich später einmal, in ihrer Gesamtheit, unverhofft als schwerbelastete Abschlußrechnung präsentieren.

Im Gegensatz zur allgemeinen Auffassung ist somit nicht jener Magen der gesündeste, der nie auf Eßfehler reagiert. Gerade Allesfresser und „Magenathleten“, die scheinbar selbst Kieselsteine vertragen könnten, neigen erfahrungsgemäß oft zu schweren Magenleiden.

Die Sinne und die Schutzreflexe des Verdauungsapparates können *nur in einem durch wiederholte Darmschonkuren gereinigten Organismus verfeinert funktionieren und einen verbesserten Ernährungszustand des Menschen bewirken.*

Die richtige Ernährung

richtige Nahrungswahl durch Sinne als **Wähler der Nahrung**		richtige Regelung der Nahrungsaufnahme durch Schutzreflexe als **Regler der Aufnahme**		richtige Nahrungsverwertung durch gesunden **Verdauungsapparat**		
Gesichtssinn Geruchssinn Tast-, Temp.sinn Geschmackssinn	→	Sättigungsreflex Schluckreflex Würgreflex Brechreflex	→	in Mundhöhle, Magen-Darmtrakt, d. Drüsensäfte (Leber u. a.)	→	Richtige Ernährung des Organismus **Gesundheit**

Wie soll man essen?

Der amerikanische Kaufmann *Horace Fletcher* war bereits mit 40 Jahren nahezu völlig arbeitsunfähig und vergreist. Sein Antrag auf Lebensversicherung wurde abgelehnt. Sämtliche ärztlichen Behandlungen bewirkten keine Besserung. Da begann er auf Rat eines besonders gesunden Freundes, alle Speisen so konzentriert zu kauen und einzuspeicheln, daß diese nur verflüssigt in den Magen gelangten. Dazu benötigte er pro Mahlzeit rund 2500 Kauakte[1].

Allmählich ließ sein Schlundring nur mehr bestens gekaute und eingespeichelte Nahrung passieren (Gesundung des Schluck- und Würgereflexes), und sein Magen fühlte sich mit geringeren Mengen gesättigt (Gesundung des Sättigungsreflexes). Die Sättigung hielt wesentlich länger an. Das Verlangen nach eiweißhaltigen Nahrungsmitteln, scharfen Speisen, nach stark gesüßten Gerichten, Alkohol, Kaffee und Tee ließ deutlich nach, während er nun verschiedene einfache, naturbelassene Lebensmittel bevorzugte (Gesundung der Wähler). Besorgte Freunde[2] warnten *Fletcher,* auf sein scheinbar verschlechtertes Aussehen und seinen Gewichtsverlust hinweisend. *Fletcher* blieb jedoch konsequent. Nach 5 Monaten eiserner Kaudisziplin waren alle Beschwerden verschwunden, und sein Wohlbefinden war auf ein bisher ungekanntes Ausmaß gestiegen. Mit 50, ja 60 Jahren stellte er Kraft- und

1 „Wie ich mich im Alter von 60 Jahren wieder jung machte" von *Horace Fletcher.* Deutsche Bearbeitung Dr. *v. Borosini,* Leipzig. Edmund Demme Verlag.

2 s. S. 76 „Unsere lieben Mitmenschen".

Dauerleistungsrekorde auf, wobei er von etwa 1600 Kalorien am Tag lebte, im Gegensatz zu den von wissenschaftlichen Autoritäten für nötig erachteten 3400! Überprüfungen durch mehrere Professoren und Ernährungsphysiologen ergaben eine ausgeglichene Stoffwechsellage und ausgezeichnete Spannkraft und Ausdauer[1].

Da das Beispiel *Fletchers* sich aber nicht von jedermann gleichermaßen erfolgreich wiederholen läßt, kann es *nicht* zur kritiklosen Nacheiferung empfohlen werden. Allgemein gültig ist jedoch die Tatsache, daß *durch besseres Kauen und Einspeicheln des Essens allein wesentliche Entlastung des Verdauungsapparates und damit wesentliche gesundheitliche Verbesserung erzielt wird.*

Darüber hinaus gehören zum richtigen Essen innere Ruhe und behagliche Atmosphäre. Die Hausfrau dürfte Ärger, Sorgen und Nöte erst nach den Mahlzeiten berichten, und auch der Mann sollte seine etwa abfällige Kritik über die aufgetischten Gerichte zumindest für später aufschieben. Auch andauerndes Reden lenkt vom Essen ab und verleitet zum Hinunterschlingen. Essen während der Arbeit, beim Lesen, Fernsehen oder gar, um einen Ärger „hinunterzuschlucken“, ist schädlich!

Merksätze für richtiges Essen

1. *Nimm Dir genügend Zeit!*
   Mindestens ½ Stunde!
2. *Richte die Speisen appetitlich an!*
3. *Iß langsam, in Behaglichkeit und Muße!*
4. *Nimm nur kleine Bissen in den Mund!*
5. *Kaue sorgfältig und speichle jeden Bissen ein!*
   Gut gekaut ist halb verdaut!
6. *Genieße jeden Bissen ausschmeckend!*
7. *Wende Deine Aufmerksamkeit allein dem Essen zu!*
   Entziehe Dich jeder Ablenkung und Störung
   (Zeitung, Diskussionen, Fernsehen = Gift!)

---

1 Überprüfungen durch Prof. *Foster,* Prof. *Gowland-Hopkins,* Univ. Cambridge, Prof. *Pickering-Bowditsch,* Prof. *Chittenden,* Yale-Univ., Prof. *Fisher* u. a., zitiert nach *Fletcher.*

8. *Sorge für ein kaufähiges Gebiß!*
Ein passendes künstliches ist schlechten eigenen Zähnen überlegen!

Wieviel soll man essen?

> Herden wissen, wann sie heim sollen,
> und gehn dann aus dem Gras.
> Der Unkluge ahnt aber nie
> seines Magens Maß.
>
> *Edda*

Der römische Schriftsteller *Plinius* schreibt:

„Es ist der Bauch, für dessen Befriedigung ein großer Teil der Menschen arbeitet – und der die meisten Leiden für die Menschheit bringt."

Daran hat sich nichts geändert.

Das rechte Mengenmaß beim Essen ist für den Menschen nicht allgemeingültig errechenbar. Es hängt von individuell verschiedenen Faktoren wie Verdauungskraft (Kostauswertung), körperlicher und geistiger Betätigung, Alter, Geschlecht usw. ab. Die für jeden zuträglichste Menge können *nur* intakte Sättigungsreflexe anzeigen. Da diese zumeist verkümmert sind, verfügt der durchschnittliche Esser nicht mehr über das Gefühl, wann er aufhören soll, sondern ißt in der Regel solange weiter, bis er ein Völlegefühl verspürt. Dieses hat aber mit dem Haltesignal des gesunden Sättigungsreflexes nichts mehr gemein.

Mäßigkeit ist das Grundgesetz zur richtigen Auswertung. Wenn alle Menschen gut kauen würden, dann kämen sie bald zur besseren Einschätzung der für sie passenden Nahrungsquantität. Besonders die Schonkur belebt die Sättigungsreflexe. Meist wird der Mensch ein Wenig-Esser, manchem genügt sogar die Hälfte der vordem verzehrten Nahrung. *Fletcher* kam sogar mit einem Drittel aus und stellte dabei Kraftrekorde auf.

Es gibt aber auch Menschen, die zu wenig essen. Auch für sie gilt es, durch Gesundung der Ernährungsorgane die vom Körper benötigte Menge empfinden und aufnehmen zu lernen.

Die ersten Schwierigkeiten mit dem rechten Maß äußern sich in den

Störungen des kindlichen Appetits,

die uns in den Extremen des heißhungrigen, volleibigen Vielfraßes und des appetitlosen, kränkelnden Kindes begegnen. Als Ursachen sind

Veranlagung, Erkrankungen und gestörte Umweltbedingungen, *vor allem aber grobe Erziehungsfehler* bei der Ernährung des Säuglings, Klein- und Schulkindes verantwortlich zu machen.

Die chronische Appetitlosigkeit findet sich, abgesehen von Fällen besonderer Erkrankung, wie Wucherungen im Nasen-Rachen-Raum, chronischer Mandelentzündung, Magenentzündung, Würmern, Darmträgheit mit Stuhlverstopfung usw., vorwiegend bei dem Kind, das ständig zum Essen genötigt wird und die bittere Erfahrung gemacht hat, das es nicht essen *darf,* sondern essen *muß.* Je mehr das Essen aufgezwungen wird, desto größer wird der Widerwille.

Daher sollten Kinder nicht lange gefragt werden, ob sie noch essen wollen. Je mehr die Umgebung des Kindes ihre Anteilnahme und ihr Interesse an der verzehrten Nahrungsmenge verliert, um so natürlicher und ungezwungener paßt sich die Aufnahme dem tatsächlichen Bedürfnis an. Auch sollen Kinder bei gemeinsam eingenommenen Mahlzeiten immer nur kleine Portionen vorgesetzt bekommen, die sie eventuell nachfordern (erbitten!) können.

Hingegen verschlechtern Süßigkeiten, Schleckereien, Naschwaren, Zucker, während und zwischen den Mahlzeiten verabreicht, den meist schon bestehenden Verdauungsschaden, verderben die normale Appetitentwicklung und verursachen schlechten Magen, Darmfloraschaden, Zahn- und Knochenschädigung (Haltung!), Anfälligkeit gegen Krankheit, Faulheit, Konzentrationsschwäche, Nervosität, üble Launen, kurz, zahlreiche Mängel in der körperlich-seelischen Weiterentwicklung.

Chronische Appetitlosigkeit des Kindes kann auch durch Kaufaulheit mitverursacht werden, gefördert durch Speisen in Püree-Form (Elektromixer usw.), weil sie den wichtigen Kau- und Einspeichelungsakt entfallen lassen. Auch unregelmäßige Tischzeiten, Mangel an frischer Luft, Übermüdung nach der Schule, familiäre Auseinandersetzung, falsche allgemeine Behandlung des Kindes (das unverstandene Kind!) und Lieblosigkeit stellen Ursachen verschiedener Appetitstörungen und kindlicher Fehlentwicklung dar.

Gegen diese Störungen hat sich die *Mayr*-Kur, individuell angewandt, jedoch immer mit absolutem Süßigkeitsverbot, bestens bewährt, wobei gleichzeitig die angeführten etwaigen anderen Ursachen abgestellt werden müssen. Erstaunlich ist am Ergebnis, wie notwendig schon beim Kind die Säuberung ist und wie rasch der kindliche und jugendliche Organismus auf die Schonung reagiert. Unter vernünftiger

Anleitung, bei gemeinsamer Kurdurchführung mit einem Elternteil, halten die Kinder stets willig die Kurvorschriften ein, auch Kinder, die vorher ihre ständigen Naschereien nicht missen wollten. Die noch weniger verbildeten kindlichen Instinkte wirken hierbei hilfreich mit. Auch der „Suppen-Kaspar" entwickelt dann den besten Appetit.

Wann und wie oft soll man essen?

Einstweilen, bis den Bau der Welt
Philosopie zusammenhält,
Erhält sich das Getriebe
Durch Hunger und durch Liebe
Schiller

Der Hunger, dieser mächtige Urtrieb, offenbart das Nahrungsbedürfnis des Körpers. Wer echten Hunger empfindet, dem läuft bei dem Gedanken an einfache Speisen, an ein gutes Brot, eine Schale Milch oder einen reifen, saftigen Apfel das Wasser im Munde zusammen. Er denkt nicht an Leibgerichte oder Delikatessen, sondern wird mit einfachen, ungekünstelten Lebensmitteln vollauf befriedigt. *Weil ein echter Hunger das natürliche Verlangen nach Nahrungsaufnahme ausdrückt, ist er niemals von quälendem Mißbehagen begleitet.*

Krankheitszeichen sind hingegen: Heißhunger, Magendruck, schmerzhafter Leerezustand in Magen und Darm, Nüchternschmerz, Übelkeit, Schwindel, „Schwächeanfall". Diese Erscheinungen des krankhaften, falschen Hungers sind nicht durch Nahrungsmangel verursacht, sondern durch eine Selbstvergiftung vom Darm. Fällt nämlich die Nahrungszufuhr zur gewohnten Zeit weg, so wendet sich der kranke Darm inzwischen der dringlichen Aufarbeitung des Darmschmutzes zu, was den Eintritt von Giften in die Blutbahn und obige Beschwerden zur Folge hat. Ißt der Kranke dann wieder, so wird nur mehr die neue Nahrung verarbeitet, während der Darmschmutz liegen bleibt. Die Selbstvergiftung und ihre Erscheinungen gehen dadurch für den Augenblick zurück. Daher essen solche Menschen immer wieder, um ihre vermeintlichen Hungersymptome, die jedoch *Krankheitssymptome* darstellen, zu unterdrücken. Solche Menschen glauben, gleich verhungern zu müssen, wenn sie einmal durch einige Stunden nichts oder nur wenig zu sich nehmen. Aber sie irren!

Mit zunehmender Gesundung durch eine *Darmreinigungskur* verlieren sie rasch die Qual des falschen Hungers, lernen das echte Hungergefühl kennen und erfahren somit, *wann* und wie *oft* sie tatsächlich essen sollen, um sich richtig zu ernähren.

Je gesünder die Verdauungsorgane werden, je besser sie die Nahrung auswerten, desto weniger und seltener braucht gegessen zu werden. Schließlich genügen zwei Hauptmahlzeiten und dazu ein kleiner Imbiß des Abends. *Zwischenmahlzeiten* sind nicht nur überflüssig, sondern sogar ungünstig.

Zur Frage der

Zuträglichkeit des Nachtmahls

äußert sich Dr. *Mayr* folgendermaßen: „Wer vor dem Schlafengehen ein reichliches Nachtmahl einnimmt, gleicht einem Lokomotivführer, der seine Maschine vollheizt und danach in den Schuppen stellt."

Der nächtliche Schlaf hat bekanntlich die Aufgabe, die Leistungsfähigkeit des Organismus wiederherzustellen. Dazu wird die Tätigkeit aller Organe vermindert beziehungsweise eingestellt. Die Muskeln entspannen sich, das Herz schlägt ruhiger, Atmung und Verdauungsvorgänge verlaufen verlangsamt. Das große Nachtmahl liegt daher durch Stunden fast unverdaut im feuchtwarmen Verdauungskanal, vergärt oder verfault hier leicht mit Hilfe der Bakterien, wodurch narkoseartig wirkende Gifte in den Blutkreislauf gelangen. Handelt es sich dabei um größere Mengen, so rufen diese anfänglich ein Erregungsstadium hervor (unruhiges Umherwälzen im Schlafe, wiederholtes Erwachen, quälende Träume) und später, gegen Morgen zu, ein Erschlaffungsstadium (bleierner Schlaf, Erschlaffen des Gaumensegels, dadurch Schnarchen, Erschlaffen der Kiefermuskeln, dadurch offener Mund, so daß oft der Speichel das Kopfkissen benetzt). Statt des Morgens frisch und munter aufzustehen, erheben sich solche Menschen mühsam, benommen, erschöpft, wie gerädert oder wie nach einer durchzechten Nacht verkatert. Der Blick in den Spiegel zeigt ein blasses, elend aussehendes Gesicht, die Augen sind verklebt, der Geschmack pappig, die Haare struppig usw.

Man lasse einige Male das Nachtmahl weg und der Gegenbeweis ist erbracht! Der Schlaf wird ruhig und tief, das Erwachen froh und erfrischend.

Dr. *Mayr* rät daher von der Einnahme des Nachtmahls grundsätzlich ab. Statt dessen ist Kräutertee mit Zitrone und Honig zu empfehlen, dem eventuell feines Knäckebrot (da leicht verdaulich) mit oder ohne

Aufstrich (Butter, Gervaiskäse, Topfen [Quark], Weißkäse, Joghurt oder Pellkartoffel oder dergleichen) zugelegt wird.

Besonders ungünstig wirken sich spät abends verzehrte gärungsfähige, schwerverdauliche Lebensmittel aus, wie Obst (der Apfel ist „des Morgens Gold, mittags Silber, abends Blei!"), Gemüse, Hülsenfrüchte und frische Hefespeisen.

Nur wer mangels guter Kostauswertung abends echten Hunger verspürt, soll essen, aber *nicht spät,* nur *wenig und leicht Verdauliches.* Auf gründliches Kauen ist größter Wert zu legen. Ein anschließender Spaziergang, der noch die Verdauungstätigkeit anregt und den Schlaf verbessert, ist besonders empfehlenswert.

Was soll man essen?

> Die Kost, die dem Schmied bekommt,
> die zerreißt den Schneider.
>
> Volksspruch

Mit diesem Volksspruch allein ist schon ausgedrückt, daß es eine allgemeingültige Ernährungsart nicht geben kann. „Wer *arbeitet* wie ein Drescher, der muß auch *essen* wie ein Drescher!" erklärt Dr. *Mayr,* „Wer aber *nicht* arbeitet wie ein Drescher" – und heute arbeiten die wenigsten so schwer wie Drescher – „der darf auch *nicht* essen wie ein Drescher!" Damit ist die *Nahrungsmenge* und die *Nahrungsart* gemeint. Der Schwerarbeiter, gar wenn er an frischer Luft arbeitet, benötigt mehr, andere und schwerer aufschließbare Kost als zum Beispiel der Büromensch, der (unfreiwillige) Stubenhocker in schlechter Luft.

Wer die Reinigungskur richtig durchgeführt hat, der will nicht mehr, daß die frühere Ernährungsweise, wie sie vor der Kur bestand, mit ihrem alten Schlendrian wieder einreißt. Die Ernährung soll künftig gesünder werden. Dazu sollen wir das Essen ganz besonders genießen, aber feinsinnig, nicht mehr quantitativ, durch Vielessen und gieriges, hastiges oder nervöses Hinunterschlingen, sondern qualitativ, durch Auskosten und Ausschmecken kleinerer Mengen, und mit der durch Kur, Eßschulung und verfeinerten Sinnen neu gewonnenen *Eßkultur.* Dabei kann jeder für sich erfühlen lernen, welche Kost er benötigt, was sein Verdauungsapparat gut bewältigen kann und was somit für ihn das Richtige ist. Der wieder erweckte Nahrungsinstinkt verlangt nicht nach den alten Leibgerichten und Schleckereien, sondern nach *einfacher, gesunder, möglichst naturbelassener, gemischter Kost.*

Viele schätzen jetzt gute, sämige *Gemüsepüreesuppen* auf Kartoffelgrundlage (Basensuppen*), ohne Fett und ohne Mehl hergestellt; weiter zarte gedünstete *Gemüse* aller Art, stets möglichst naturbelassen zubereitet; auch *Wurzelgemüse* wie Karotten, Petersilie, Schwarzwurzeln sowie feine (nicht grobe) *Salate,* Lattich, Sellerie, Fenchel, etwas Spinat. Sehr beliebt und geeignet sind *Kartoffeln* als Pellkartoffeln und Kartoffelauflauf, nicht als Pommes frites, die schwer verdaulich sind. Zum Frühstück und zum Beginn des Mittagessens eignen sich für viele etwas *Obst,* Banane, geschälter Apfel, Beerenobst, auch in *Milch* oder *Joghurt.* Gut vertragen werden meist auch *Sojagerichte* wie Tofu* und wohlschmeckende *Getreidespeisen** aus den leicht verdaulichen Haferflocken oder aus Maisgrieß, Buchweizen, Hirse usw., garniert mit duftenden Kräutersaucen. Die Kursemmel wird allmählich durch vollwertiges *Brot,* Knäcke und dgl. ersetzt, als Aufstrich sind *Butter* und *Topfen-Öl-Kräutermischungen** sehr verträglich und beliebt. Wenn Bedürfnis nach tierischen Eiweißprodukten besteht, können zartes *Fleisch* von Kalb, Huhn, Puten, Rind, oder *Fisch* mager, mit Kartoffeln oder Gemüse oder Salat, oder *Rinderschinken, Käse, Ei* in den Kostplan eingebaut werden. Allerdings nicht alltäglich, da zu viel tierisches Eiweiß zu *„Eiweißmastkrankheiten“* (nach Professor *Wendt***) führt, zu Übersäuerung, Gefäßkrankheiten, alimentären Hochdruck-, Herz- und Gelenkleiden.

Langsames Essen und gutes Kauen macht rascher und länger anhaltend satt. Dies führt zu bescheideneren Essensmengen, zu vermehrtem qualitativen Essensgenuß und zu besserer Gesundheit. Die Bescheidenheit ist so wichtig, weil *alle zu großen Mengen (Quantität) die besonderen Werte der zugeführten Nahrung (Qualität) zerstören! So führen beispielsweise zu große Rohkostmengen sehr leicht zu Gärungs-Zersetzungsprozessen im Darm mit nachfolgender Selbstvergiftung.* Dies gilt auch für Trinken von reichlich Rohsäften, weil diese ebenfalls besonders gärungsfreudig sind. Dr. *Mayr*: „Wäre Säftetrinken die naturgewollte Art des Obstgenusses, dann hätten wir von Natur aus in der Mundhöhle einen Mixer anstelle der Zähne.“

Die Neuorientierung der Ernährungsweise nach der Kur verlangt die Abkehr von der sogenannten bürgerlichen Küche mit ihrer kalorienrei-

---

* *Rauch/Mayr:* Milde Ableitungsdiät. Kochrezepte. Karl F. Haug Verlag. Heidelberg.

** *Wendt L.:* Die Eiweißspeicher-Krankheiten. Proteothesaurismosen. Karl F. Haug Verlag. Heidelberg.

chen, üppigen und vielfach totgekochten Kost, dem schädlichen alltäglichen Fleisch- und Wurstkonsum, dem vielen Braten, Rösten, Einbrennen, dem Panieren gar von Gemüsen. Abkehr auch von der Verwendung der Auszugsmehlprodukte, Nudeln, Nockerl, Knödeln, wie dem vielen Süßen, Kuchen, Süßigkeiten usw.*

Man vermeide daher:

1. jegliches Herausbacken aus Fett, Einbrennen, Panieren (daher auch Gemüse nur dämpfen, „englisch" zubereiten!), wie überhaupt alles, was besonders fett ist (auch Butter und Öl sparsam verwenden, Schweinefett ganz meiden!)
2. alles, was besonders süß ist (Süßigkeiten sind schädlich, Bildung von Gärungsgiften, Zahngift, Kalkentzug, Vitamin-B-Räuber. Zukker meiden, besonders Kinder! Honig ist gesünder, aber auch nur sparsam verwenden!)
3. alles, was widersteht oder sich als schlecht verträglich, schwer verdaubar, blähend, darmreizend (zu weiche Stühle, Beschmutzung des Afters) erweist, zum Beispiel schwere Gemüse, Hülsenfrüchte, frische und schwere Brote, Obst in unbescheidener Menge, Obstsäfte (unverdünnt)
4. abgestandenes oder aufgewärmtes Essen (Reste aufessen bei der Hausfrau).

Ebenso falsch ist es:

zu essen, wenn man keinen Hunger hat –
zu essen, wenn man keine Zeit hat –
zu essen, wenn man körperlich oder nervlich übermüdet ist –
(erst ausruhen!)

Im Gegensatz dazu pflege man nach der Schonkur bewußt

die neue Eßkultur

durch Essen in Ruhe und Muße –
durch gründliches Kauen und Einspeicheln –

* Die als Folge des sauren Regens und bestimmter Fehler verursachte Säurebelastung des heutigen Menschen wird am besten behoben durch Neuorientierung der Ernährungsweise aus der Sicht des Säure-Basen-Haushaltes. Siehe *Rauch, E.:* Die F. X. Mayr-Kur und danach gesünder leben. Karl F. Haug Verlag, Heidelberg.

durch Auskosten jedes Bissens (nur was bei 50maligem Kauen immer besser schmeckt, kann gesunde Nahrung sein!) –
durch verfeinertes Genießen –
durch bescheidene Menge (besonders bei lebendiger Kost!) –
durch einfache, möglichst naturbelassene Zubereitung.

Allgemeine Gesundheitsregeln:

Die Grundsätze der Schonung, Säuberung und Schulung besitzen als allgemeingültige Regeln einer gesünderen Lebensführung größte Bedeutung.

1. Die Schonung

Des Menschen wichtigste Schon- und Erholungsphase, der nächtliche Schlaf, dient der Wiedererneuerung der Lebenskräfte. Der tiefe Schlaf vor Mitternacht ist am wirkungsvollsten. Daher:
Regelmäßig zur selben Zeit und nicht spät schlafen gehen!

Das Warnsignal Müdigkeit wiederum weist darauf hin, wann es Zeit ist, seine Betriebsamkeit zu unterbrechen. Wird es nicht beachtet, geraten wir in den Zustand der Übermüdung. Wohl läßt sich dieser durch erhöhten Willenseinsatz oder aufpulvernde Mittel, Kaffee, Alkohol, Kettenrauchen und Drogen scheinbar vertreiben; mehrfach wiederholt führt solcher Raubbau jedoch in das Labyrinth der *chronischen Übermüdung,* aus dem kein Mensch so leicht mehr herausfinden kann. Große Teile der Stadtbevölkerung sind unter anderem darin gefangen. Daher fehlt ihnen schon die Kraft, sich auch nur stundenweise aus der Nervenmühle des Alltags innerlich zu befreien. Ehrgeiz, Geltungstrieb, übersteigertes Erwerbsstreben, Genuß- und Suchtmittel, andere Leidenschaften, verkehrte Lebensweise, die oft die Nacht zum Tag macht (auch Dauerfernsehen!), rauben jede innere Ruhe, Besinnung und Rast. Die Auswirkungen am vegetativen Nervensystem sind vielschichtig. Sie reichen von vegetativen Störungen (Dystonie) über nervlich-psychische Beschwerden, Depressions-, Angst- und Krampfzustände, Herz-, Schlaf- und Sexualstörungen bis zum Tod des Menschen oft schon in seinen besten Schaffensjahren. Der Sinn des Lebens wurde hier in Un-sinn verkehrt. So wird die *Fehleinstellung zum Leben schlechthin heute zu der übergeordneten Stör- und Krankheitsquelle.*

Wie wenige wissen doch eine grundlegende Antwort auf die Frage des Weisen:

*„Ich sehe dich in Hast und Eile, mein Freund! Was ist deines Weges Ziel?!“**.

Wie wenige bekümmern sich um einen tieferen Sinn, den sie ihrem Leben geben könnten! Jede Re-ligio oder Rückverbindung mit höheren Quellen des Lebens ging ihnen verloren oder besteht nur noch zum Schein, in ihrer Ein-bildung.Wo aber der tiefere Sinn des Lebens fehlt, dort fehlt auch Lebensordnung, fehlen Antriebe zu höherem Schaffen, Freude, Glücksempfinden, Harmonie und auch – Gesundheit. Hier schafft nur innere Neuorientierung, das Finden des höheren Sinnes des eigenen Daseins, die für die innere und äußere Gesundung notwendige Wandlung. Daher heißt es auch: „Frage nicht mehr nach dem ‚Sinn des Daseins', sondern frage dich, wie dein Dasein durch dich selber Sinn erhalten könne!“**. Hier kann nur finden, wer willens ist, danach zu suchen!

Hilfreich erweist sich auch jeder Ausgleich zur Alltagsbetätigung: Sinnvoll betriebener Sport, Wandern durch Wald und Flur, regelmäßige Gartenpflege, Kegeln, Fischen und andere sogenannte Hobbies, welche vermehrte Sauerstoffzufuhr und freudespendende Abwechslung bieten. Aber auch Lesen guter Bücher, Hausmusik, Bastelei, Unterhaltungen, die Form und Format besitzen, lassen neben ihren sonstigen Vorzügen den Alltag vergessen, Abstand gewinnen und die Lebensbelastungen besser, nicht allzu „tierisch ernst“ ertragen. Der Mensch schont und erholt sich, stoppt den Alltagsverschleiß und gewinnt wieder Spannkraft.

2. Die Säuberung

Jede Maßnahme, die unsere reinigenden und entschlackenden Organe zu verbesserter Tätigkeit anregt, nützt dem Stoffwechsel. Dazu gehört:

a) tägliches Abwaschen des ganzen Körpers

Der österreichische Pionier einer gesunden Lebensweise, *Mathias Zdarsky* machte folgende Bemerkung***: „Leute, die sich schon für sehr rein halten, behaupten ganz stolz, daß sie sich täglich den Oberkörper

* *Bô Yin Râ:* Der Weg zu Gott. Zürich. Kobersche Verlagsbuchhandlung.

** *Bô Yin Râ:* Der Sinn des Daseins. Zürich. Kobersche Verlagsbuchhandlung.

*** 1856–1940; „Falsche Lebensgewohnheiten“ von *M. Zdarsky.* Wien 1937. Sport- und Turnverlag GmbH.

bis zur Hüfte waschen. Der untere Teil ist an eine Parfümeriefabrik verpachtet."

Gerade während der Darmreinigungskur, aber natürlich auch sonst, empfiehlt sich ein heiß-kaltes Wechselduschen. Nach dem abendlichen Duschen ist es günstig, die Haut etwas feucht zu lassen und sich sogleich gut zuzudecken. Auf diese Art werden Hautatmung und Drüsentätigkeit angeregt, schädliche Stoffe ausgeschieden, der Körper abgehärtet und das Gefäß- und Nervensystem trainiert. Günstig wirken auch alle Arten von Bädern, Vollbad, Dampfbad, Sauna oder Schwimmsport, wenn sie vernünftig betrieben werden.

b) Möglichst viel frische Luft

Die heilende Wirkung des richtigen Atmens wird heute immer mehr erkannt. Richtiges Atmen ist aber nur dort möglich, wo die Bauchorgane frei von Entzündungen sind, da letztere die Bauchatmung hemmen und – wie heute allgemein üblich – verflacht ablaufen lassen. *Die Gesundung des Verdauungsapparates durch Darmschonkuren ist somit eine Voraussetzung für richtiges Atmen!!*

Wie sehr alltägliche Bewegung in frischer Luft, offene Fenster bei Tag und Nacht, soweit es Reinheit und Temperatur der Außenluft erlauben, häufiges Lüften im Winter, ständiger Zutritt frischer Luft in das Schlafzimmer nötig sind, ist allgemein bekannt. Ein täglicher Fußmarsch ist durch nichts zu ersetzen! Die Hautatmung wird auch durch Luftbäder in möglichst unbekleidetem Zustand, zum Beispiel während der morgendlichen Toilette, gefördert. Die Bekleidung soll die Hautatmungsmöglichkeit tunlichst wenig beeinträchtigen.

3. Die Schulung

Jeder Mensch, dessen körperliche Betätigung einseitig oder unzureichend ist, benötigt, wenn seine Gesundheit nicht schon zu schlecht gestellt ist, harmonische Leibesertüchtigung:

Gymnastische Übungen aller Art als tägliches Morgen- oder Abendprogramm, bei offenem Fenster, möglichst unbekleidet durchgeführt, können gar nicht genug empfohlen werden. Jede vernünftig betriebene Sportart, regelmäßiger Besuch von Turn-, Gymnastik- oder Yogaschulen, Wandern, Gehen, wann immer möglich, Bewegung jeder Art, wenn nicht einseitig, üben zweckmäßig den Körper. Leben ist nach uralter

Weisheit „Selbstbewegung“, wozu auch der stetig fortgesetzte Gebrauch aller Körpermuskeln gehört. Daher:

Lasse deinen Körper nicht verkümmern, sondern übe ihn systematisch! Wer rastet, der rostet!

Ab morgen gesünder

Könige und Regierungen werden leichter gestürzt als Eßgewohnheiten. Es ist viel Einsicht und guter Wille vonnöten, um die verhängnisvollen Auswirkungen verschiedener althergebrachter Anschauungen, die geradezu in Fleisch und Blut übergegangen sind, in ihrer Tragweite zu erkennen und daraus Folgerungen zu ziehen.

Wer eine Darmschonkur durchführt, der gewinnt durch eigenes Erleben rasch volles Verständnis für das Beschriebene. Dem anderen wird manches nicht so einleuchtend erscheinen können. Dessen ungeachtet dürfte auch er sich folgenden Erkenntnissen nicht verschließen können:

1. daß es jeder Mensch nötig hat, von Zeit zu Zeit, ohne den Ausbruch eines Leidens abzuwarten, etwas zur Erhaltung oder Verbesserung seiner Gesundheit zu tun –
2. daß Vorbeugen besser und leichter möglich ist als Heilen –
3. daß wir die Gesundheit nicht durch Medikamente, auch nicht durch die teuersten, erkaufen können –
4. daß wir sie auch nicht vom Arzt geschenkt erhalten, sondern in erster Linie durch eigenes Bemühen selbst verdienen müssen –
5. daß wir keine wesentliche Besserung der Gesundheit erzielen können, solange wir schädliche Gewohnheiten beibehalten –
6. daß unsere Ernährungs- und Lebensweise unseren Gesundheitszustand maßgeblich bestimmt und es unserem freien Willensentscheid überlassen ist, ob die gesundheitliche Entwicklung nach der einen oder anderen Richtung ihren Lauf nimmt –
7. daß Vielessen keineswegs immer stark und gesund macht, sondern uns krank, häßlich und vorzeitig alt werden läßt –

8. daß der Verdauungsapparat des heutigen Durchschnittsmenschen überlastet und durch krankmachende Schlacken verunreinigt ist –
9. daß wir daher von Zeit zu Zeit eine innere Reinigungs- und Darmregenerationskur benötigen –
10. daß wir damit verschiedenste Krankheiten bekämpfen, Leiden und vorzeitigem Altern vorbeugen und Körper und Seele regenerieren.

Wer diese Sätze versteht, wird sich ihrer Logik nicht entziehen und eines Tages – ob früher oder später – den festen Entschluß in die Tat umsetzen, der da lautet:

Ab morgen gesünder
durch
Schonung, Säuberung und Schulung

* * *

Literatur

Bartussek, A.: Darm, Ernährung und Gesundheit. Drei Eichen Verlag, München, 1954.
–,–: Das Problem der Ernährung in vertiefter Sicht. Erfahr.hk. **5** (1956).
–,–: Diagnostik der Gesundheit nach F. X. Mayr. Erfahr.hk. **6** (1956).
–,–: Dünndarmhypotonie als Grundphänomen der Gesundheitsschädigung. Erfahr.hk. **7** (1956).
–,–: Grundsätzliches über die Mayr-Kur. Erfahr.hk. **2** (1981).
–,–: Therapie der Dünndarmhypotonie nach F. X. Mayr. Erfahr.hk. **8** (1956).
–,–: Zentrale Bedeutung des Dünndarms für Gesundheit und Krankheit. Die Heilkunst. **9** (1955). Heilkunst Verlag GmbH, München.
–,–: Mayr-Diät und Behandlung. Die Heilkunst. **2** (1961).
–,–: Ernährung und Haltung. Die Heilkunst. **1** (1961).
–,–: Beziehungen zwischen Körperhaltung und Gesundheit. Eutonie. Karl F. Haug Verlag, Heidelberg, 1964.
–,–: Die Gesundheitslehre F. X. Mayrs. Der Landarzt. **23** (1966). Hippokrates-Verlag GmbH, Stuttgart.
–,–: Abwehr von Umweltschäden nach F. X. Mayr. Erfahr.hk. **5** (1972).
–,–: Das Enteropathie-Syndrom nach F. X Mayr und der rheumatische Formenkreis. Erfahr.hk. **10** (1973).
–,–: Der chronische Darmschaden. Diagnostik der Gesundheit und Therapie nach F. X. Mayr. *W. Braumüller,* Univ. Verlag GmbH, Wien, 1974.
Becher, E.: Intestinale Autointoxikation. Ergebnisse der gesamten Medizin. **18** (1933). Urban & Schwarzenberg KG, Wien.
Brauchle, A.: Naturheilkunde des praktischen Arztes (I und II). Hippokrates-Verlag GmbH, Stuttgart, 1951.
–,–: Das große Buch der Naturheilkunde. Mosaik Verlag, Güthersloh, 1957.
Buchinger, O.: Das Heilfasten. Hippokrates-Verlag GmbH, Stuttgart.
Buchinger, O. jun.: Überlegungen zur Fastenkur. Erfahr.hk. **5** (1978).
Doerfler, J.: F. X. Mayr-Kur und hämatogene Oxydationstherapie. Erfahr.hk. **8** (1977).
–,–: HOT – F. X. Mayr-Kur – Symbioselenkung. Erfahr.hk. **8** (1978).
–,–: Warum ist die Mayr-Kur eine Basistherapie? Erfahr.hk. **3** (1979).
Empfenzeder, K.: Der Kreuzschmerz. Wesen und Behandlung aus der Sicht F. X. Mayrs. Erfahr.hk. **11** (1970).
–,–: Probleme bei pathologischer Haltung und Gangart. Orthopädische Praxis. **7** (1974). Medizinisch Literarische Verlags-GmbH, Uelzen.
–,–: Probleme beim Bauchhebegriff. Orthopädische Praxis **8** (1976). Medizinisch Literarische Verlags-GmbH, Uelzen.
–,–: Die pathologische Gangart beim genu valgum. Ursache und Behandlung (nach F. X. Mayr). Erfahr.hk. **5** (1973).
Felbermayr, L.: Herzkrankheiten und Verdauungsapparat. Verlag Neues Leben **5** (1955).
Freiwald, E.: Behandlung recid. Ulcera v. et. d. mit der Mayr-Kur. Erfahr.hk. **8** (1982).
–,–: Vermiedene Operationen durch Mayr-Kur. Erfahr.hk. **5** (1981).
–,–: Migränebehandlung mit der Mayr-Kur. Erfahr.hk. **12** (1983).
Gebauer, D.: Fallbeispiele aus der ambulanten und stationären Mayr-Praxis. Erfahr.hk. **3** (1989).
Guggi, F.: Der Weichteil- oder chemische Rheumatismus. *W. Maudrich,* Wien, 1956.
Gutzeit, K.: Über die Gastroenteritis. Lehmann, München, 1953.

Hammer, E.: Kosmetik, Schönheit und Verdauung. Kosmetikerinnen-Fachzeitung. **311, VII** (1978).
Heun, E.: Das Fasten als Erlebnis und Geschehnis. V. Klostermann, Frankfurt/M., 1953.
Holtzmann, H. G.: Die Unterschiede der Fastenkuren nach Buchinger und Mayr. Erfahr.hk. **5** (1978).
Kimmerle, P. E.: Mayr-Kur und Risikofaktoren. Erfahr.hk. **9** (1981).
Köhnlechner, M.: Handbuch der Naturheilkunde. Kindler Verlag GmbH, München, 1975.
Kojer, E.: Grundzüge der Mayrschen Behandlungsmethode. Verlag Neues Leben, **5** (1955).
–,–: Diagnostik der Gesundheit nach F. X. Mayr. Erfahr.hk. **5** (1960).
–,–: Ambulante Sanierung des Magen-Darm-Kanals nach F. X. Mayr. Erfahr.hk. **4** (1969).
–,–: Grundsätzliches zur Therapie nach F. X. Mayr. Erfahr.hk. **11** (1982).
Kojer, E. und Mitarb.: Festschrift zum 100. Geburtstag von Dr. F. X. Mayr. Karl F. Haug Verlag, Heidelberg, 1975.
Kojer, M.: Altersdiabetes und Mayr-Kur. Erfahr.hk. **6** (1983).
–,–: Wasserhaushalt und Elektrolyte. Erfahr.hk. **7** (1982).
–,–: Geriatrie im Sinne F. X. Mayrs. Erfahr.hk. **5** (1988).
Kötschau, K.: Medizin am Scheideweg. Karl F. Haug Verlag, Heidelberg, 1960.
–,–: Gesundheitsprobleme unserer Zeit. H. G. Müller Verlag, Krailling, 1955.
May, W.: Verordnung der Mayr-Kur aus konstitutionellen Gesichtspunkten. Erfahr.hk. **5** (1955).
Mayr F. X.: Fundamente zur Diagnostik der Verdauungskrankheiten. 1921, Neuauflage Turm-Verlag, Verlagsgemeinschaft F. Zluhan, Bietigheim, 1974.
–,–: Die Darmträgheit. 3. Aufl. Verlag Neues Leben, Bad Goisern, 1954.
–,–: Die verhängnisvollste Frage. Verlag Neues Leben, Bad Goisern, 1951.
–,–: Schönheit und Verdauung. Verlag Neues Leben, Bad Goisern, 1954.
Mordhorst, G.: Ableitung über die Haut zur Unterstützung von Regenerationskuren. Erfahr.hk. **6** (1967).
–,–: Einfache Maßnahmen der physikalischen Therapie zur Unterstützung der Nachbehandlung von Regenerationskuren (F. X. Mayr). Erfahr.hk. (1968).
Notnagel, H.: Diagnostik und Therapie der Verdauungskrankheiten. Leipzig, 1898.
Pirlet, K.: Klinische und naturheilkundliche Diätetik. Heilkunst **5** (1988).
–,–: Was versteht man unter Stoffwechselschlacken? Erfahr.hk. **39** (1988).
Pollak, K.: Der Naturarzt (Kapitel F. X. Mayr-Kur). Sammlung lebendige Medizin, 1953.
Preusser, W.: Diagn. u. therap. Nutzung cutivisc. Reflexe b. d. Mayr-Kur. Erfahr.hk. **10** (1983).
Putzar-Ehrenberg, Ch.: Erfahrungen mit der Darmbehandlung nach F. X. Mayr. **22** (1963). Hippokrates-Verlag GmbH, Stuttgart.
–,–: Koprolyse durch Fastenkuren. Ärztl. Mitteilungsblatt. **8** (1950).
Rauch, E.: La depurazione dell' Intestino secondo il Dr. F. X. Mayr. Italienische Übersetzung von Dr. G. Bertolini, Selbstverlag, Milano.
–,–: De Darmreinigung folgens Dr. F. X. Mayr. Holländische Übersetzung, De Driehoek, Amsterdam, 1976.
–,–: Blut- und Säftereinigung. Milde Ableitungskur. 18. Aufl. Karl F. Haug Verlag, Heidelberg, 1988.
–,–: Falsches Zitieren F. X. Mayrs. Hippokrates-Verlag GmbH, Stuttgart, **12** (1958).
–,–: Der chronische Verdauungsschaden und seine Auswirkungen. Erfahr.hk. **3** (1958).
–,–: Mayr-Kur in der Großstadtpraxis. Erfahr.hk. **5** (1970).

–,–: Einfache Schnelldiagnostik von Magen-, Leber-, Dünndarmschäden (Die Succussionen). Erfahr.hk. **10** (1969).
–,–: Mayr-Kur und Gravidität. Erfahr.hk. **11** (1973).
–,–: Behandlung akuter Infekte im Sinne F. X. Mayrs. Erfahr.hk. **10** (1972).
–,–: Naturheilbehandlung der Erkältungs- und Infektionskrankheiten. 14. Aufl. Karl F. Haug Verlag, Heidelberg, 1988.
–,–: Genezing van verkoudheid en infectieziekten. Holländische Übersetzung, De Driehoek, Amsterdam.
–,–: Aspekte zur Vorsorge- und Gesundheitsdiagnostik nach F. X. Mayr. Erfahr.hk. **6** (1977).
–,–: Diagnostik nach F. X. Mayr. Kriterien des Krankheitsvorfeldes, der Gesundheit und Krankheit. 6. Aufl. Karl F. Haug Verlag, Heidelberg, 1988.
–,–: Diagnostik nach F. X. Mayr. – Einführung. Physikal. Medizin u. Rehabilitation. **9** (1978).
–,–: Zur Psychologie ärztlicher Kurlenkung. Erfahr.hk. **1** (1982).
–,–: Phytotherapeutische Anwendungen während und nach Mayr-Kuren. Erfahr.hk. **5** (1986).
–,–: Ernährungstherapie im Sinne F. X. Mayrs. Erfahr.hk. **7** (1986).
–,–: Grundsätzliches über die Methode F. X. Mayrs. Erfahr.hk. **5** (1988).
–,–: Grundlegende Patientenmotivierung und deren therapeut. Rolle während Reinigungskuren. Erfahr.hk. **3** (1989).
–,–; *Kruletz, P.:* Heilkräuterkuren. Karl F. Haug Verlag, Heidelberg, 1985.
Reckeweg, H.-H.: Homotoxikologie. Aurelia-Verlag, Baden-Baden, 1975.
Regamey, P. R., OP.: Wiederentdeckung des Fastens. Herold, Wien, 1963.
Rost, A.: Der Darm als Störfeld in der thermischen Diagnostik. Erfahr.hk. **12** (1983).
Rusch, H. P.: Naturwissenschaft von morgen. H. G. Müller Verlag, Krailling, 1955.
–,–: Bodenfruchtbarkeit. 4. Aufl. Karl F. Haug Verlag, Heidelberg, 1980.
Salmanoff, A.: Geheimnisvolle Weisheit des Leibes. Karl F. Haug Verlag, Heidelberg, 1961.
Schmiedecker, K.: Untrügliche Zeichen der Gesundheit. Verlag Neues Leben, Bad Goisern, 1955.
–,–: Über den Leberbuckel. Medizinische Klinik. **19** (1958). Urban & Schwarzenberg, München-Berlin.
–,–: Gesundung und ihr Training. Verlag Neues Leben, Bad Goisern, 1970.
Schmitz-Harbauer, R.: Raucherentwöhnungshilfe durch Kostumstellung. Münchner Med. Wochenschrift. **11** (1974).
Skorczyk, W.: Experim. Untersuchungen zur körp. Leistungsfähigkeit unter Milchdiät nach F. X. Mayr. Erfahr.hk. **3** (1986).
Sobotik, S.: Schonkost – Diätkost. Verlag Neues Leben, Bad Goisern, 1954.
–,–: Bircher-Benner – F. X. Mayr. Verlag Neues Leben, Bad Goisern, 1955.
Stefan, K.: Abbau und Aufbau als Heilprinzip. Karl F. Haug Verlag, Heidelberg, 1958.
Treuenfels, H. v.: Orofac. Dyskinesien als Ausdruck gestörter Wechselbeziehungen von Atmung, Verdauung und Bewegung. Fortschr. Kieferorthop. **46** (1985).
Trudel, E.: Die ambulante Mayr-Kur. Erfahr. hk. **12** (1977).
–,–: Behandlung scheinbarer Psychopathien mit der Mayr-Kur. Erfahr. hk. **9** (1981).
–,–: Behandlung chronischer Entzündungszustände im Unterbauch (chron. Prostatitis und Adnexitis). Erfahr. hk. **7** (1984).
Vogel-Haferkamp: Biologisch-medizinisches Taschenjahrbuch Bd. 56. Hippokrates-Verlag GmbH, Stuttgart, 1955.
Winker, M.: Mayr-Kur und Laborwerte. Erfahr. hk. **2** (1986).

–,–: Regenerations- und Funktionsverbesserung von Zellen durch ärztlich kontr. Fasten. Erfahr.hk. **3** (1990).
Wolfrum, W.: Aktive Gesundheitspflege nach F. X. Mayr. Bietigheim, Turm-Verlag.
–,–: Mayr-Kur und Obstipation. Erfahr. hk. **5** (1979).
–,–: Die Mayr-Kur. Österr. Ärztezeitung. **36, 6** (1981).
–,–: Behandlung von Alterskrankheiten nach Mayr. Erfahr. hk. **9** (1981).
–,–: Gesunde Ernährung aus der Sich F. X. Mayrs. Erfahr. hk. **12** (1983).
–,–: Atemtherapie im Sinne F. X. Mayrs. Erfahr. hk. **5** (1986).
–,–: Erfahrungen aus 25jähriger stat. Mayr-Kur-Praxis. Erfahr.hk. **5** (1988).
Zabel, W.: Das Fasten. Hippokrates-Verlag GmbH, Stuttgart, 1962.

Praktische Hinweise

1. Wer sich entschlossen findet, die natürlichen Ratschläge Dr. *Mayrs* künftig *grundsätzlich* in seinen Lebens- und Ernährungsstil einzubauen, der benötigt zur *konsequenten* Durchführung die Kenntnis der Fortsetzungsschrift dieses Buches: **Die F. X. Mayr-Kur ... und danach gesünder leben.** Als weitere Ergänzungen sind zu empfehlen die **Blut- und Säftereinigung** mit der Darstellung der Milden Ableitungskur und hilfreicher ergänzender Naturheilanwendungen zur Selbstdurchführung; sowie die **Milde Ableitungsdiät** mit den Kochrezepten der milden Kurform und den Grundlagen für eine gesündere Neuorientierung der Ernährungsweise nach der Kur.
   Wenn *Schopenhauer* sagt: „Die Gesundheit ist nicht alles, aber alles ist nichts ohne Gesundheit!", so zeigt er den Stellenwert auf, den die Bemühungen um Gesundung und Gesunderhaltung bei uns einnehmen sollen. Dies gilt gerade für den heutigen Menschen, der durch eine Fülle von Belastungen, Umweltgiften, Fehlernährung usw. ausnahmslos gefährdet ist. Und wenn er zur Verbesserung seiner Gesundheit zu einer bloßen Pharmatherapie weniger Vertrauen besitzt als zu natürlichen Heilverfahren im Sinne Dr. *Mayrs,* dann kann er in der angeführten Literatur sicher Anregungen finden, die sich bei ihm wie bei vielen Hunderttausenden hilfreich auswirken werden. Eine besondere Bedeutung kommt dabei der Vorbeugung zu, die vieles Krank- und Elendsein sowie vorzeitiges Altern vermeiden hilft.

2. *Ärzte,* die ambulant die Schonkur nach Dr. *Mayr* durchführen sowie *Kurhäuser,* die auf *Mayr*-Kuren spezialisiert sind, sind zu erfahren von: Gesellschaft der *Mayr*-Ärzte, D-69018 Heidelberg, Postfach 102840, gegen Übersendung eines freigemachten Rückumschlags. Die genannten Ärzte haben die vorgeschriebenen Ausbildungskurse in Diagnostik und Therapie nach *Mayr* absolviert.

3. *Ausbildungskurse in Diagnostik und Therapie nach F. X. Mayr* finden mehrmals jährlich statt. Alle Teilnehmer führen dabei die Mayrtherapie durch. Anfragen von Ärzten sind zu richten an den Verfasser.

Anschrift des Verfassers:

Medizinalrat Dr. *Erich Rauch,* Gesundheitszentrum Golfhotel am Wörthersee, A-9082 Maria Wörth-Dellach, Kärnten, Österreich.

Die F. X. Mayr-Kur … und danach gesünder leben

Darmreinigung, Entschlackung, gesündere Ernährung
Von Medizinalrat Dr. Erich Rauch

140 Seiten, 20 Abbildungen, 6 Tabellen, kart.

In diesem Fortsetzungs- und Ergänzungsbuch zur **Darmreinigung nach Dr. Mayr** wird näher auf die Ursachen von Verschlackung, Übersäuerung und Erkrankung des Zivilisationsmenschen eingegangen, um aus dieser Sicht heraus die „Gesundung nach Dr. Mayr“ darzustellen. Dabei werden besonders behandelt: Die gezielte Abhilfe gegen Übersäuerung; die Basentherapie; die Neuorientierung der Ernährungsweise; die seelische Regeneration sowie die zahlreichen Möglichkeiten der Gesundheitspflege als Selbsthilfemethoden.

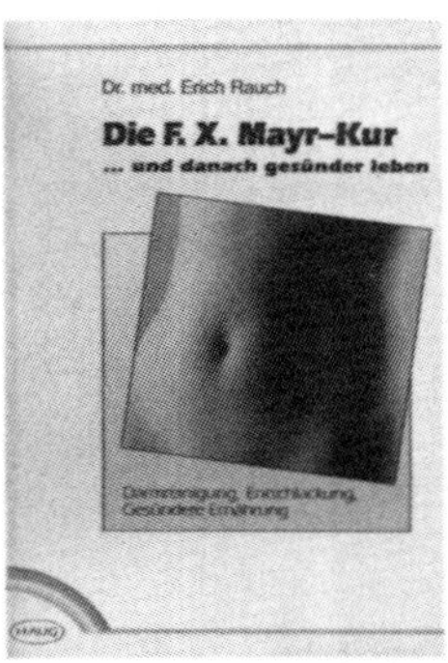

Der Verfasser stellt in diesem Buch die aus der Mayr-Methode gewonnenen Erkenntnisse an Hand der Erfahrungen von 35 000 von ihm geleiteten Mayr-Kuren aus neuester Sicht dar. Sie dienen dem Leser, um ihm zum bestmöglichen Gelingen der Kur und zur Gesundheitserhaltung danach zu verhelfen.